普通高等教育土木工程学科精品规划教材

# 组 合 结 构
## COMPOSITE STRUCTURES

陈志华　尹　越　赵秋红　周　婷 **编著**

天津大学出版社
TIANJIN UNIVERSITY PRESS

## 内 容 提 要

本教材根据最新的专业技术规范编写而成。全书共分 6 章,内容包括:绪论、压型钢板－混凝土组合板设计、钢－混凝土组合梁设计、圆钢管混凝土柱、矩形钢管混凝土柱、节点构造。全书主要讲述组合结构的基本知识、组合结构及其构件的受力性能、计算原理与设计方法,并配有必要的例题和习题,便于读者理解相关原理,掌握其具体应用。

本书可作为高等院校土木工程专业的本科教材,也可供该专业专科学生、研究生及工程技术人员参考。

**图书在版编目(CIP)数据**

组合结构/陈志华等编著. —天津:天津大学出版社,2017.10
普通高等教育土木工程学科精品规划教材
ISBN 978-7-5618-5895-0

Ⅰ.①组…  Ⅱ.①陈…  Ⅲ.①组合结构－高等学校－教材  Ⅳ.①TU398

中国版本图书馆 CIP 数据核字(2017)第 190140 号

出版发行 天津大学出版社
地　　址 天津市卫津路 92 号天津大学内(邮编:300072)
电　　话 发行部:022-27403647
网　　址 publish. tju. edu. cn
印　　刷 廊坊市海涛印刷有限公司
经　　销 全国各地新华书店
开　　本 185mm×260mm
印　　张 9.5
字　　数 231 千
版　　次 2017 年 10 月第 1 版
印　　次 2017 年 10 月第 1 次
定　　价 35.00 元

# 普通高等教育土木工程学科精品规划教材

# 编审委员会

普通高等教育土木工程学科精品规划教材

# 编写委员会

**主　　任:** 姜忻良

**委　　员:**（按姓氏汉语拼音排序）

毕继红　陈志华　丁　阳　丁红岩　谷　岩　韩　明

韩庆华　韩　旭　亢景付　雷华阳　李砚波　李志国

李忠献　梁建文　刘　畅　刘　杰　陆培毅　田　力

王成博　王成华　王　晖　王铁成　王秀芬　谢　剑

熊春宝　闫凤英　阎春霞　杨建江　尹　越　远　方

张彩虹　张晋元　郑　刚　朱　涵　朱劲松

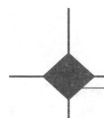

# 总序

　　随着我国高等教育的发展,全国土木工程教育状况有了很大的发展和变化,教学规模不断扩大,对适应社会的多样化人才的需求越来越紧迫。因此,必须按照新的形势在教育思想、教学观念、教学内容、教学计划、教学方法及教学手段等方面进行一系列的改革,而按照改革的要求编写新的教材就显得十分必要。

　　高等学校土木工程学科专业指导委员会编制了《高等学校土木工程本科指导性专业规范》(以下简称《规范》),《规范》对规范性和多样性、拓宽专业口径、核心知识等提出了明确的要求。本丛书编写委员会根据当前土木工程教育的形势和《规范》的要求,结合天津大学土木工程学科已有的办学经验和特色,对土木工程本科生教材建设进行了研讨,并组织编写了"普通高等教育土木工程学科精品规划教材"。为保证教材的编写质量,我们组织成立了教材编审委员会,聘请全国一批学术造诣深的专家作教材主审,同时成立了教材编写委员会,组成了系列教材编写团队,由长期给本科生授课的具有丰富教学经验和工程实践经验的老师完成教材的编写工作。在此基础上,统一编写思路,力求做到内容连续、完整、新颖,避免内容重复交叉和真空缺失。

　　"普通高等教育土木工程学科精品规划教材"将陆续出版。我们相信,本套系列教材的出版将对我国土木工程学科本科生教育的发展与教学质量的提高以及土木工程人才的培养产生积极的作用,为我国的教育事业和经济建设作出贡献。

丛书编写委员会

# 土木工程学科本科生教育课程体系

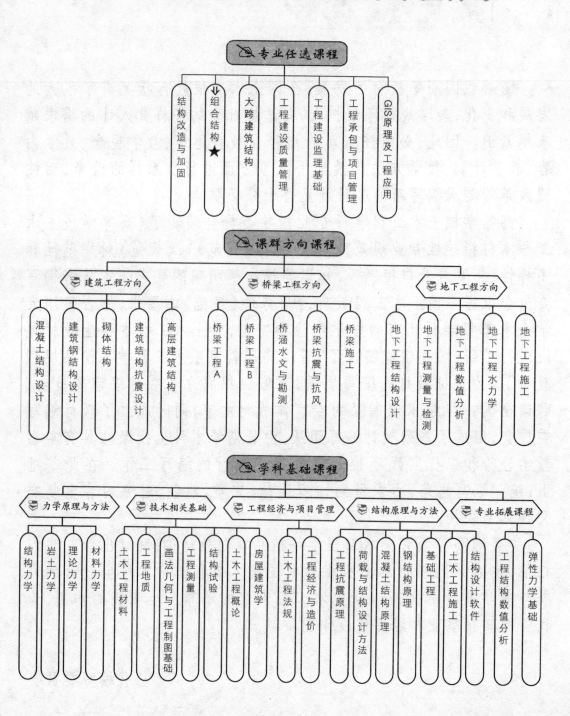

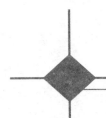

# 前言

    钢与混凝土组合结构兼有混凝土结构和钢结构的优点，具有承载能力高、刚度大、延性和抗震性能好等优势，并且自重较轻、节省材料，便于装配化，符合工程结构的发展方向。目前，钢与混凝土组合结构已成为现代建筑结构中的一种重要结构体系，近20年来，已在多高层和超高层建筑中得到大量应用。

    本教材严格根据我国最新颁布的组合结构相关规范和规程进行编写，主要针对组合板、组合梁、组合柱和组合节点，给出了常用组合结构构件的构造形式和计算方法。其中，钢管混凝土柱作为组合结构中最主要的柱子形式，其计算方法一直未有统一的计算公式，本教材将圆钢管混凝土柱和矩形钢管混凝土柱分开编写，给出了全面的计算公式。对于圆钢管混凝土柱的计算，本教材采用了《钢管混凝土结构技术规范》(GB 50936—2014)给出的基于"统一理论"和"拟混凝土理论"的2种计算方法，对于矩形钢管混凝土柱的计算，本教材采用了《天津市钢结构住宅设计规程》(DB/T 29—57—2016)、《矩形钢管混凝土结构技术规程》(CECS 159:2004)和《钢管混凝土结构技术规范》(GB 50936—2014)给出的基于"叠加理论""统一理论"和"拟钢理论"的3种计算方法，并分别设置了计算例题，方便学习者掌握不同的计算理论，根据具体情况选择计算方法。

    全书共分6章。其中，第1章、第4章、第5章、第6章由天津大学陈志华和周婷编写；第2章由天津大学尹越编写；第3章由天津大学赵秋红编写。全书由陈志华主持编写。本教材编写过程中，得到了研究生杜颜胜、刘洋、黄俊、李文葛、任佳妮、王秀泉、周良、雷鹏、赵炳震、张晓萌、张旺、熊清清和曹晟的帮助，特此感谢！

    由于作者的水平和学识有限，不妥或错误之处在所难免，恳请广大读者批评指正。

编　者

2017 年 10 月

# 言 苗

# 目　　录

# 第1章 绪 论

## 1.1 组合结构的发展与应用

### 1.1.1 组合结构的含义

由两种或者两种以上性质不同的材料组合成整体,共同受力、协调变形的结构,称为组合结构。钢与混凝土组合结构是由钢材与混凝土材料组合而成的,是一种应用广泛的组合结构,它充分发挥了钢与混凝土两种材料的优良特性:钢材具有良好的抗拉强度和延性,而混凝土则具有优良的抗压强度和刚度,并且混凝土的存在提高了钢材抵抗整体和局部屈曲的能力,由这两种材料组合而成的组合结构在地震作用下具有良好的刚度、强度、延性以及较好的耗能能力。

### 1.1.2 组合结构的起源、发展和应用范围

钢-混凝土组合结构主要有压型钢板组合板、组合梁、钢管混凝土、型钢混凝土、组合钢板剪力墙等。

20 世纪 60 年代前后,压型钢板在欧美、日本等国家首先作为浇筑混凝土的永久模板和施工平台而开始在多高层建筑中大量应用。随后,为了提高材料的使用率,各国开展了很多研究。20 世纪 60 年代末,美国钢结构学会及国际桥梁和结构工程联合会制定了组合结构统一规定。日本建筑学会于 1970 年出版了《压型钢板施工规范及说明》。1984 年,冶金工业部冶金建筑研究总院对压型钢板的选型、加工、连接件等配套技术进行了研发与推广,于1984—1988 年完成了压型钢板的选型和研制,并进行了组合板的试验研究。随着我国钢材产量的不断提高和相关配套技术的不断完善,组合板在建筑及桥梁领域都得到了广泛应用。

组合梁从最初应用至今已有 80 余年的历史。它的早期形式是没有抗剪连接件的外包混凝土工字梁,主要是出于钢梁防火的需要,用混凝土将钢梁包裹起来,形成外包混凝土钢梁,即钢骨混凝土梁或型钢混凝土梁。20 世纪 20 年代末,H. M. Macking 和 Lash 等对钢梁与混凝土交界面上的黏结应力进行了研究,指出抗剪连接件可以增强组合梁的整体工作性能,使极限承载力明显提高。从 20 世纪 30 年代末开始,组合梁开始采用抗剪键,并将混凝土翼板过渡到钢梁翼缘上,形成目前常用的 T 形组合梁形式。

在土木工程中应用钢管混凝土结构已经有很长的历史。早在 1879 年英国 Seven 铁路桥中就采用了钢管桥墩,1926 年美国就在一些单层和多层建筑中采用了称为"Lally Column"的圆形钢管混凝土柱。20 世纪 30 年代末,前苏联曾经用钢管混凝土建造了跨度 101 m 的公路拱桥和跨度 140 m 的铁路拱桥。20 世纪 60 年代前后,钢管混凝土结构在前苏联、

日本以及西欧、北美等发达国家逐步得到应用,并取得良好的效果。近年来,泵送混凝土工艺解决了浇筑混凝土的繁重劳动问题,加之较高强度混凝土的应用需要钢管克服其脆性,因此在美国、日本、澳大利亚等国的高层建筑中掀起了采用钢管混凝土结构的热潮。我国从1959 年开始对钢管混凝土结构进行研究,1963 年成功将其应用于北京地铁车站工程,20 世纪 70 年代相继在冶金、造船、电力等项目中得到应用,80 年代进一步在多层建筑框架中采用钢管混凝土结构,90 年代开始在高层建筑和大跨桥梁结构中广泛采用钢管混凝土结构。钢管混凝土结构主要适用范围如下:工业厂房的框架或者排架柱、高层建筑结构、大跨度桥梁、大型设备和构筑物的支柱、地下结构等。此外,对受力较大且高度很高的柱子也经常采用钢管混凝土柱。

我国从 20 世纪 50 年代开始应用型钢混凝土(SRC)结构,80 年代中期以后进行了大量的试验研究,近年来应用日渐增多。型钢混凝土剪力墙虽然在实践中已有一些应用,但过去对其性能研究较少,认识不够,因而应用也较为有限。随着 SRC 结构及混合结构的广泛应用,型钢混凝土组合剪力墙必将成为常用构件。《组合结构技术规程》(JGJ 138—2016)编入了型钢混凝土剪力墙设计的内容。

日本于 20 世纪 60 年代末提出了内藏钢板支撑剪力墙,通过在钢支撑周围浇筑混凝土防止钢板过早屈曲,这种剪力墙可以视为钢 – 混凝土组合剪力墙的雏形。20 世纪 90 年代,由钢板和钢筋混凝土组成的剪力墙在我国开始兴起,混凝土主要现场浇筑,通过焊接于钢板上的栓钉使两种材料相互结合。进入 21 世纪以来,预制混凝土板组合剪力墙、开缝钢板组合剪力墙等新形式层出不穷,在高层及超高层中应用越来越多。

随着对该类结构研究的逐步深入,钢 – 混凝土组合结构逐渐被应用于各类工业与民用建筑和桥梁、码头等结构中,成为多高层建筑优先选用的结构形式之一,特别是在抗震设防等级较高的地区,其比常用的钢筋混凝土结构和钢结构更有优势。建筑高度的增加、跨度的增大、建筑体型的多种变化,带来了建筑的限制和不规则问题,为解决这些问题,常采用钢 – 混凝土组合结构来实现建筑师的意图。自 20 世纪 80 年代以来,随着我国经济建设的快速发展、钢铁产量的大幅度提升、钢材品种的增加,钢与混凝土组合结构在我国得到了迅速的发展和广泛的应用,应用范围已经涉及建筑、桥梁、高耸结构、地下结构、结构加固等领域。

### 1.1.3　组合结构的发展前景

目前,常用的钢与混凝土组合结构有三大类,即组合结构柱(包括钢管混凝土柱和型钢混凝土柱)、钢 – 混凝土组合梁和压型钢板 – 混凝土组合板。另外,钢板剪力墙组合结构、防屈曲耗能支撑等组合结构的应用也越来越广泛,如图 1 – 1 所示。

工程实践证明,组合结构综合了钢与混凝土的优点,可以用传统的施工方法和简单的施工工艺获得优良的结构性能,可以取得显著的技术经济效益和社会效益,非常适合我国现阶段的基本建设国情,具有广泛的应用前景。在建筑工业化以及绿色建筑的背景下,组合结构采用预制装配式设计和施工方法,更能体现其快速施工、节能环保的优势。

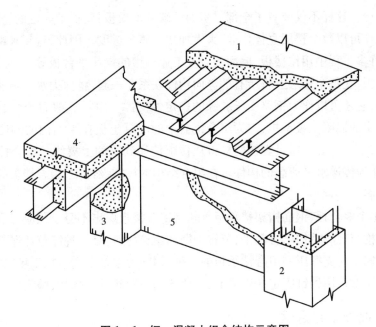

图 1-1 钢-混凝土组合结构示意图

1—组合板；2—型钢混凝土柱；3—钢管混凝土柱；4—组合梁；5—组合墙

## 1.2 组合结构的分类及特点

组合结构据其构件类型,可分为组合板、组合梁、组合柱、组合剪力墙、组合支撑等。

### 1.2.1 钢-混凝土组合板

在高层建筑结构中,采用高强、轻规格的压型钢板楼盖,上面浇筑混凝土面层,这种做法已成为标准的楼板构造做法。压型钢板是将薄钢板压成各种形状,可和浇筑的混凝土面层形成组合作用。在压成各种形式凹凸肋与各种形式槽纹的钢板上浇筑混凝土而制成的组合楼盖,依靠凹凸肋及不同的槽纹使钢板与混凝土组合在一起(图 1-2)。

由于钢板中肋的形式与槽纹图案不同,钢与混凝土的共同工作性能有很大区别。在与混凝

图 1-2 组合板结构

土共同工作性能较差的压型钢板上可焊接附加钢筋或栓钉,以保证钢板与混凝土的完全组合作用。

组合楼盖的特点就是利用混凝土造价低、抗压强度高、刚度大等特点作为板的受压区,而受拉性能好的钢板放在受拉区,代替板中受拉纵筋,使两种材料合理受力,各得其所,都能发挥各自的优点。其突出的优点还在于压型钢板在施工时先行安装,可作为浇筑混凝土的

模板及施工平台。这样不仅节省了全部昂贵而稀缺的木模板,获得了一定的经济效益,而且使施工安装工作可以数个楼层立体作业,大大加快了施工进度。因此,近年来组合板应用发展很快,已在许多工程中用作楼板、屋面板以及工业厂房的操作平台板等。形成的组合楼盖可作为水平隔板,在每个楼层上将所有的竖向构件联系在一起,将剪力水平传递到各个支撑构件上。此外,它还可以作为钢梁受压翼缘的稳定性支撑。由隔板剪力产生的剪应力大部分由组合楼盖中的混凝土板承担,因为组合楼盖中的混凝土板在平面内的刚度比压型钢板大许多。因此,水平力必须通过焊接的栓钉从楼板传递到梁的上翼缘。组合楼盖除承受重力荷载外,还作为传递水平荷载的构件。在组合结构的抗震设计中,组合楼盖的抗震设计是一个重要的内容。

此外,近年来叠合板、钢筋桁架楼承板等新型组合楼板层出不穷。预应力混凝土叠合板可以将预制结构与现浇结构结合起来,节省工期和建筑材料,是一种绿色环保的板体系。钢筋桁架楼承板属于无支撑压型组合楼承板的一种,钢筋桁架是在后台加工场定型加工,现场施工需要先将压型板用栓钉固定在钢梁上,再放置钢筋桁架进行绑扎,验收后浇筑混凝土。

## 1.2.2　钢－混凝土组合梁

将钢梁与混凝土板组合在一起形成组合梁(图1-3)。混凝土板可以是现浇混凝土板,也可以是预制混凝土板、压型钢板混凝土组合板或预应力混凝土板。钢梁可以用轧制或焊接钢梁。钢梁形式有工字钢、槽钢或箱形钢梁。混凝土板与钢梁之间用剪切连接件连接,使混凝土板作为梁的翼缘与钢梁组合在一起,整体共同工作形成组合T形梁。其特点同样是使混凝土受压,钢梁主要受拉与受剪,受力合理,强度与刚度显著提高,充分利用了混凝土的有利作用。由于组合梁按照各组成部件所处的受力位置和特点较大限度地发挥了钢与混凝土各自的特性,所以不但满足了结构的功能要求,而且也有较好的经济效益。组合梁有以下特点。

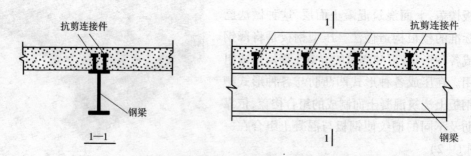

图1-3　组合梁结构

(1)充分发挥了钢材和混凝土各自材料的特性。尤其对于简支梁,钢－混凝土组合梁截面的上缘受压、下缘受拉,正好发挥了混凝土受压性能好和钢材受拉性能好的优势。

(2)节省钢材。实践表明,由于钢筋混凝土板参与了共同工作,提高了梁的承载能力,减少了钢梁上翼板的截面,组合梁方案与钢结构方案相比,可节省钢材20%～40%,每平方米造价可降低10%～30%。

(3)增大了梁的刚度。组合梁方案与钢梁方案相比,由于钢筋混凝土板有效参加工作,截面刚度大,梁的挠度可减小 1/3～1/2;另外,还可提高梁的自振频率。

(4)减少结构高度。组合梁与钢梁或者钢筋混凝土梁相比,可减少结构高度,对于高层建筑结构,若每层减少十几厘米,数十层累计将是一个可观的数字,从而可降低整个房屋造价;对于公路桥梁,由于结构高度减小,可以降低桥面标高,减小两端路堤长度。

(5)组合梁可利用已安装好的钢梁支模板,然后浇筑混凝土板,节约了模板的费用。

(6)抗震性能好,噪声小。由于组合梁整体性强,抗剪性能好,表现出良好的抗震性能。组合梁一出现就广泛地在桥梁结构中得到应用。另外,组合梁在活载作用下比全钢梁的噪声小,在城市中采用组合梁桥更合适。

(7)耐火等级差,耐腐蚀性差。对耐火等级高的房屋结构,需对钢梁涂耐火涂料;对有水流的组合梁桥需采取防腐措施。

(8)在钢梁制作过程中需要增加焊接连接件的工序,有的连接件需要专门的焊接工艺,有的连接件在钢梁吊装就位后还需进行现场校正。

## 1.2.3　钢-混凝土组合柱

工程中常用的钢-混凝土组合柱主要有两大类:一类是钢管混凝土柱,是在钢管中浇筑混凝土形成的柱子形式,分为圆钢管混凝土柱、矩形钢管混凝土柱和空心钢管混凝土柱等形式;另一类是型钢混凝土柱,是把钢骨架埋入钢筋混凝土中的一种结构形式,根据截面形状分为圆形、矩形、多边形、椭圆形等。

### 1. 钢管混凝土柱

在钢管混凝土柱中,一般在混凝土中不再配纵向钢筋与钢箍,所用钢管一般为薄壁圆钢管以及方矩形钢管,或者为钢板焊接钢管。按照截面形式不同,分为圆钢管混凝土柱、矩形钢管混凝土柱和异型钢管混凝土柱等,见图 1-4(a)至(d)。此外,还包括钢管与缀条或者缀板组成的钢管混凝土组合异型柱,见图 1-4(g)至(i)。

在钢管混凝土受压构件中,钢管与混凝土共同承担压力。但就薄壁圆钢管而言,在压力的作用下,容易发生局部屈曲,是很不利的。而在管中填充混凝土,大大改善了管壁的侧向刚度,因此对钢管的受压极为有利。钢管混凝土构件受力性能的优越性更主要地表现在合理地应用了钢管对混凝土的紧箍力。这种紧箍力改变了混凝土柱的受力状态,将单向受压改变为三向受压,混凝土的抗压强度得到了很大程度的提高,使混凝土的抗压性能得到更为有利的发挥,从而使构件断面可以大大减小。钢管主要承受环向拉力,恰好发挥了钢材受拉强度高的优势。钢管虽然也承受纵向与径向压力,但是钢管被混凝土充填,对防止钢管失稳极为有利。此外,为了防止钢管壁屈曲,进一步加强对混凝土的约束作用,可以在钢管混凝土中设置双层钢管,对大截面方矩形钢管混凝土柱,一般设置加劲肋,见图 1-4(e)和(f)。

钢管混凝土柱充分发挥了混凝土和钢材各自的优点,特别是避免了薄壁钢材容易失稳的缺点,所以受力非常合理,大大节省了材料。据资料分析,钢管混凝土柱与钢结构相比,可节省钢材 50% 左右,降低造价 40%～50%;与钢筋混凝土柱相比,还节省水泥 70% 左右,因而减轻自重 70% 左右。钢管本身就是浇筑混凝土的模板,故可省去全部模板,并不需要支模、钢筋制作与安装,简化了施工。钢管混凝土柱比钢筋混凝土柱用钢量约增加 10%。钢

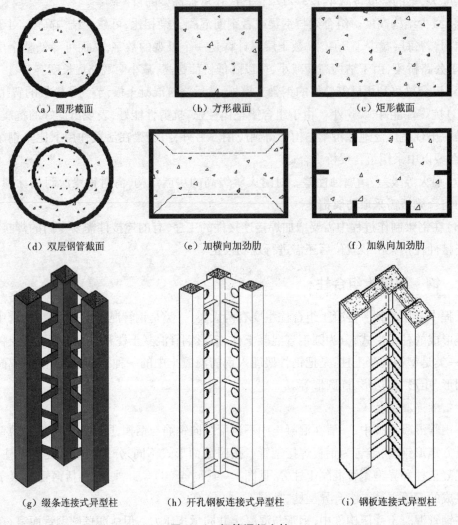

（a）圆形截面　　　　　　　　（b）方形截面　　　　　　　　（c）矩形截面

（d）双层钢管截面　　　　　　（e）加横向加劲肋　　　　　　（f）加纵向加劲肋

（g）缀条连接式异型柱　　　　（h）开孔钢板连接式异型柱　　　（i）钢板连接式异型柱

**图 1 - 4　钢管混凝土柱**

管混凝土柱的另一突出优点是延性较好,这是因为一方面其外壳是延性很好的钢管,另一方面约束混凝土比混凝土单向受压的延性要好得多。

2. 型钢混凝土柱

在混凝土中配置型钢或者以配型钢为主的组合柱称为型钢混凝土柱。与钢管混凝土柱不同,型钢混凝土柱中钢材配置在柱内部,并且外侧仍然配置钢筋。与钢管混凝土柱相比,型钢混凝土柱不用考虑型钢的局部屈曲,并且钢的防锈、防火条件良好。但是,型钢混凝土柱中钢不能给外侧混凝土提供约束,使得混凝土强度没有像钢管混凝土柱中那样得到很大提高。型钢混凝土柱多种多样,内部型钢可使用 H 型钢、钢管等不同形式,见图 1 - 5。

## 1.2.4　钢 - 混凝土组合剪力墙

组合剪力墙具有较大的抗剪强度和刚度,比同等承载力的混凝土剪力墙厚度和质量明显减小,能充分利用钢材的性能,具有更加稳定的延性和耗能能力。根据钢板与混凝土的不

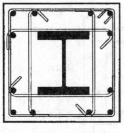

（a）H型钢混凝土

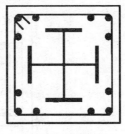

（b）十字型钢混凝土

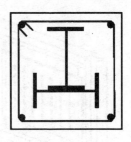

（c）T型钢混凝土

图1-5 型钢混凝土柱节点示意图

同位置,可以分为钢板外包混凝土剪力墙和钢板内填混凝土剪力墙,如图1-6所示。单钢板剪力墙的构造中,钢板既可以在中间（图1-6（b））,也可以在混凝土的一侧（图1-6（a））。

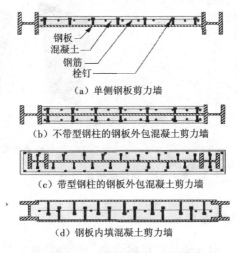

钢板
混凝土
钢筋
栓钉

（a）单侧钢板剪力墙

（b）不带型钢柱的钢板外包混凝土剪力墙

（c）带型钢柱的钢板外包混凝土剪力墙

（d）钢板内填混凝土剪力墙

图1-6 钢板剪力墙一般构造

上述钢板剪力墙均为与框架梁、框架柱连接的组合剪力墙,使得混凝土板在整个受力过程中始终与钢板共同承担剪力,整体性好,有利于剪力墙耗能。但是混凝土板刚度很大,承载力低,在较小荷载下即会出现裂缝等,影响其承载力,并且剪力墙刚度过大会造成柱中轴力过大而使得柱子先破坏。近年来,许多学者开发出钢板剪力墙的新形式,包括开缝钢板剪力墙、两边连接钢板剪力墙、预制混凝土板钢板剪力墙等（图1-7）。为了减小剪力墙刚度,使其在地震中更加有效地耗能,采用在钢板上开缝的方式,同时仍通过设置混凝土板约束钢板,从而获得耗能良好的组合钢板剪力墙（图1-7（a））。只在梁上连接的剪力墙可以避免对柱子造成过大的轴力（图1-7（b））。预制混凝土板剪力墙通过栓钉将混凝土板固定在钢板两侧,而混凝土板本身不承受剪力,这种预制剪力墙可以缩短工期,节约时间及人力成本（图1-7（c））。为了简化施工,杭萧钢构推广了一种钢管束组合剪力墙形式,墙体截面形式如图1-7（d）所示,该种剪力墙形式刚度较大、施工方便。

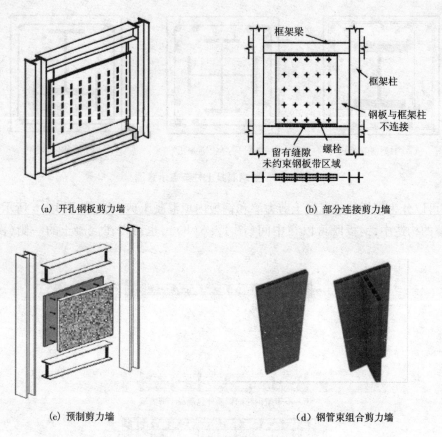

(a) 开孔钢板剪力墙　　　　　　　　　　　　(b) 部分连接剪力墙

(c) 预制剪力墙　　　　　　　　　　　　(d) 钢管束组合剪力墙

**图 1-7　新型钢板剪力墙**

## 1.2.5　组合结构的结构体系

　　组合梁、组合柱、组合板、组合墙具有承载力高、延性好、抗震性能优越、造价低、施工方便等优点,因此以其为基本单元的结构体系也具有良好的力学性能。

　　在建筑结构中,主要有框架体系、框架 - 支撑体系、框架 - 核心筒体系、框架 - 剪力墙体系、剪力墙体系、巨柱 - 剪力墙 - 伸臂桁架体系等。框架 - 支撑体系一般采用钢管混凝土柱或者型钢混凝土柱以及组合梁。框架 - 支撑体系即在框架体系的基础上增加钢支撑或者组合结构支撑构件。将钢板剪力墙与组合柱结合即构成了框架 - 剪力墙或者框架 - 核心筒体系。对于超高层结构,许多应用钢管混凝土巨型柱来承担竖向荷载,并与核心筒以及伸臂桁架形成统一的抗侧力体系。

　　在桥梁结构中,钢管混凝土拱桥结构应用十分广泛,组合板结构也经常用于桥面板。

# 1.3　组合结构的材料

## 1.3.1　钢材

　　(1)钢管混凝土结构设计时,其钢管材料的选用原则简要归纳如下。

钢管可采用 Q235、Q345、Q390 和 Q420 钢材。用于室内保暖时可采用 B 级;当使用条件为 0 ℃左右时,可选用 C 级;当使用条件在 −20~0 ℃时,可选用 D 级。当采用其他牌号的钢材时,尚应符合相应有关标准的规定和要求。

钢材性能应符合《碳素结构钢》(GB/T 700—2006)和《低合金高强度结构钢》(GB/T 1591—2008)中的规定。

对处于外露环境,且对大气腐蚀有特殊要求或在腐蚀性气态和固态介质作用下的钢管混凝土结构,宜采用耐候钢,其质量应符合现行国家标准《耐候结构钢》(GB/T 4171—2008)的规定,也可根据实际情况选用高性能耐火建筑用钢。

圆钢管宜采用螺旋焊接管或直缝焊接管,方形、矩形钢管宜采用直缝焊接管或冷弯型钢钢管。当价格合理时,也可采用无缝钢管。焊接钢管的焊缝必须采用对接焊缝,焊接管必须采用对接熔透焊缝,不允许采用钢板搭接的角焊缝,焊缝质量为一级,检验合格等级为Ⅱ级,达到焊缝连接与母材等强的要求。

用于加工钢管的钢板板材应具有冷弯试验的合格保证。对于冷弯卷制而成的钢管,要求冷弯 180°的保证。

为防止钢材的层状撕裂而采用 Z 向钢时,其材质应符合国家标准《厚度方向性能钢板》(GB/T 5313—2010)的有关规定。

钢材的强度 $f_y$、$f$ 和 $f_v$ 可根据附表 1−1 确定;钢材的物理性能指标可按附表 1−2 确定。

(2)组合梁中钢梁的材质选择:组合梁中钢梁的材质宜选用 Q235 或 Q345,其质量应分别符合《碳素结构钢》(GB/T 700—2006)和《低合金高强度结构钢》(GB/T 1591—2008)的规定。

(3)组合板内钢筋根据荷载大小可采用Ⅰ级或Ⅱ级钢筋,或者采用《混凝土结构设计规范》(GB 50010—2010)中推荐的其他高强钢材,其强度及弹性模量取值见附表 1−3。

压型钢板用钢材牌号可采用现行国家标准《碳素结构纲》(GB/T 700—2006)中规定的 Q215 及 Q235,并应保证抗拉强度、延伸率、屈服点及冷弯试验四项力学性能以及硫、磷和碳三项化学成分要求。一般情况下,压型钢板用钢材牌号宜为 Q235。

钢材牌号为 Q215 及 Q235 的压型钢板,其强度设计值见附表 1−4。

作为组合楼板及非组合楼板用的压型钢板,宜采用镀锌钢板。目前,国产压型钢板镀锌层的两面总计高达 275 g/m² ,虽可满足在使用期间不致锈损的要求,但为使对压型钢板与钢梁翼缘板间能用圆柱头焊钉进行穿透焊,宜采用镀锌量小于 120 g/m² 的压型钢板,并采用局部除锌措施,以提高穿透焊的质量。

关于压型钢板的板型及截面计算参数见相关章节。

用于组合楼板的压型钢板厚度(不包括镀锌层或饰面层厚度)不应小于 0.75 mm;仅作模板用的非组合楼板,厚度不应小于 0.5 mm。浇筑混凝土的波槽平均宽度不应小于 50 mm。当在槽内设置栓钉等时,压型钢板的总高度不应大于 80 mm。

## 1.3.2 混凝土

钢管内的混凝土应保证一定的强度等级,与钢材强度应相互匹配,防止过早压碎,且不得使用对钢管有腐蚀作用的外加剂。混凝土的抗压强度和弹性模量应按现行国家标准《混凝土结构设计规范》(GB 50010—2010)采用。

钢管混凝土结构中的混凝土可采用普通混凝土或高性能混凝土。由于钢管本身是封闭的,多余水分不能排出,因而应控制混凝土的水灰比,对于一般塑性混凝土,水灰比不宜大于0.4。为了方便施工,可掺减水剂,坍落度宜在 160~180 mm。核心混凝土一般不需要添加膨胀剂。当确实需要时,可根据实际情况在混凝土中掺适量膨胀剂来补偿混凝土的收缩。钢管混凝土结构构件中的混凝土强度等级不宜低于 C30。混凝土可根据标准试块(边长为150 mm 的立方体)自然养护 28 d 后的抗压强度确定其强度等级。

根据钢管混凝土的受力特点和工作特性,为了充分发挥钢管和混凝土的性能,钢材和混凝土的选择可参照下列组合方式,即:Q235 钢配 C30 或 C40 混凝土;Q345 钢配 C40、C50 或C60 混凝土;Q390 和 Q420 钢配 C50 或 C60 及以上强度等级的混凝土。一般情况下,钢管混凝土的约束效应系数标准值 $\xi$ 不宜大于 4,也不宜小于 0.3。

组合梁中,钢筋混凝土翼板(及板托)所用混凝土,当采用现浇板时强度等级应不低于C20,采用预制板时不宜低于 C30,其强度设计值及弹性模量分别按《混凝土结构设计规范》(GB 50010—2010)中的规定取用。

### 1.3.3 连接材料

钢管对接及与梁相连的钢管上的牛腿,包括加强环板和内隔板等一般采用焊接,钢材本身的对接焊缝属一级质量等级,其他焊缝属二级质量等级。

当采用手工焊的施焊方式时,Q235 钢材应采用 E43 型焊条,Q345 钢材应采用 E50 型焊条,Q390 及 Q420 钢材应采用 E55 型焊条。采用自动焊和半自动焊的施焊方式时,采用的焊丝和焊剂应保证其熔敷金属的力学性能符合《埋弧焊用低合金钢焊丝和焊剂》(GB/T 12470—2003)以及《气体保护电弧焊用碳钢、低合金钢焊丝》(GB/T 8110—2008)中的有关规定。

钢管混凝土柱与钢梁的连接中,钢梁腹板与牛腿竖板常采用普通螺栓或高强度螺栓。在连接件所采用的材料如下:

(1)弯起钢筋连接件,一般采用Ⅰ级钢筋,当受力较大时,可采用Ⅱ级钢筋;

(2)槽钢连接件,一般为小型号槽钢,钢材采用 Q235;

(3)焊钉连接件材料宜选用普通碳素钢,其材质性能应符合国家标准《电弧螺柱焊用圆柱头焊钉》(GB/T 10433—2002)的规定,其抗拉强度设计值 $f_s$ 可采用 200 N/mm$^2$。

栓钉的材质性能应符合国家标准《电弧螺柱焊用圆柱头焊钉》(GB/T 10433—2002)的规定,其材料及力学性能应符合附表 1-5 的规定。

# 1.4　基本设计原则及一般规定

## 1.4.1　建筑结构基本功能

结构在规定的时间(设计使用年限)、规定的条件(正常设计、施工、使用、维修)下必须保证完成预定的功能,这些功能包括如下内容。

(1) 安全性,即建筑结构在正常施工和正常使用时,能承受可能出现的各种作用(如荷载、温度变化、正常维修),并且在设计规定的偶然事件(如地震、爆炸)发生时及发生后,仍能保持必需的整体稳定性。

(2) 适用性,即建筑结构在正常使用过程中,应保持良好的工作性能。例如结构构件应有足够的刚度,以免产生过大的振动和变形,使人产生不适的感觉。

(3) 耐久性,即建筑结构在正常维修条件下,应能在规定的设计使用年限满足安全、实用性的要求。

上述对结构安全性、适用性、耐久性的要求统称为结构的可靠性。结构的可靠性概率度量称为结构的可靠度。也就是说,可靠度是指在规定的时间内和规定的条件下,结构完成预定功能的概率。结构的设计使用年限是指设计规定的结构或结构构件不需进行大修即可按预定目的使用的时期。

## 1.4.2　结构的极限状态

应用我国现行设计规范进行结构设计时,采用的是以概率理论为基础的极限状态设计方法。

整个结构或结构的一部分超过某一特定状态就不能满足设计规定的某一功能要求,此特定状态为该功能的极限状态。极限状态实质上是结构可靠(有效)或不可靠(失效)的界限,故也称为界限状态。

**1. 承载能力极限状态**

这种极限状态对应于结构或结构构件达到最大承载能力或不适用于继续承载的变形。当结构或结构构件出现下列状态之一时,应认为超过了承载能力极限状态:

(1) 整个结构或结构的一部分作为刚体失去平衡(如阳台、雨篷的倾覆)等;

(2) 结构构件或连接因超过材料强度而破坏(包括疲劳破坏),或因过度变形而不适于继续承载;

(3) 结构转变为机动体系;

(4) 结构或结构构件丧失稳定;

(5) 地基丧失承载能力而破坏(如失稳等)。

**2. 正常使用极限状态**

这种极限状态对应于结构或结构构件达到正常使用或耐久性能的某项规定限值。当结构或结构构件出现下列状态之一时,应认为超过了正常使用极限状态:

(1) 影响正常使用或外观的变形;

(2) 影响正常使用或耐久性能的局部损坏(包括裂缝,如水池开裂引起渗漏);

(3) 影响正常使用的振动;

(4) 影响正常使用的其他特定状态。

## 1.4.3　结构分析与设计原则

近年来,组合结构设计应用越来越多,各种组合结构的设计标准相继出台并且日渐成熟,结构分析、设计和施工均可参照相关标准进行。常用标准包括:《钢－混凝土组合结构施工规范》(GB 50901—2013)、《钢管混凝土结构技术规范》(GB 50936—2014)、《矩形钢管混凝土结构技术规程》(CECS 159:2004)、《天津市钢结构住宅设计规程》(DB/T 29—57—2016)、《钢管混凝土结构技术规程》(CECS 28:2012)、《钢管混凝土拱桥技术规范》(GB 50923—2013)、《钢－混凝土组合桥梁设计规范》(GB 50917—2013)、《型钢混凝土组合结构技术规程》(JGJ 138—2001)、《钢板剪力墙技术规程》(JGJ/T 380—2015)、《组合楼板设计与施工规范》(CECS 273:2010)、《预应力混凝土叠合板》(06SG 439—1)、《钢筋桁架楼承板》(JG/T 368—2012)等。

# 1.5　工程实例

钢－混凝土组合结构能适应现代工程结构向大跨、高耸、重载发展和承受恶劣条件的需要,符合现代施工技术的工业化要求,因而正被越来越广泛地应用于单层和多层工业厂房柱、设备构架柱、各种支架、栈桥柱、地铁站台柱、送变电杆塔、桁架压杆、桩、大跨和空间结构、商业广场、多层办公楼及住宅、高层和超高层建筑以及桥梁结构中,取得了良好的经济效果和建筑效果。

下面简要介绍一些典型的工程实例。

## 1.5.1　多高层建筑实例

目前的超高层建筑大多采用不同形式的钢－混凝土组合结构,多层和高层的组合结构比例也逐渐增加。表1－1为近年来我国采用钢－混凝土组合结构的部分超高层建筑。

表1－1　采用钢－混凝土组合结构的部分超高层建筑

| 序号 | 建筑物名称 | 地点 | 层数 | 高度(m) | 组合结构形式 | 建成年份 |
|---|---|---|---|---|---|---|
| 1 | 平安金融中心 | 深圳 | 115 | 660 | 钢板/型钢混凝土剪力墙、型钢混凝土巨柱 | 2015 |
| 2 | 上海中心大厦 | 上海 | 121 | 632 | 钢板混凝土剪力墙、型钢混凝土巨柱 | 2014 |
| 3 | 天津117大厦 | 天津 | 117 | 597 | 钢管混凝土巨柱、钢骨混凝土剪力墙 | 2015 |
| 4 | 广州东塔 | 广州 | 111 | 530 | 钢管混凝土巨柱、钢板/型钢混凝土剪力墙 | 2014 |
| 5 | 大连绿地中心 | 大连 | 83 | 518 | 钢骨混凝土剪力墙、型钢混凝土巨柱 | 在建 |
| 6 | 台北101 | 台湾 | 101 | 508 | 钢骨混凝土巨柱 | 2004 |
| 7 | 上海环球金融中心 | 上海 | 101 | 492 | 钢骨混凝土巨柱 | 2008 |
| 8 | 香港贸易广场 | 香港 | 108 | 484 | 型钢混凝土柱 | 2010 |
| 9 | 紫峰大厦 | 南京 | 66 | 450 | 钢骨混凝土柱 | 2010 |
| 10 | 京基100大厦 | 深圳 | 100 | 442 | 矩形钢管混凝土柱 | 2011 |
| 11 | 广州西塔 | 广州 | 103 | 432 | 钢管混凝土斜交网格外筒 | 2010 |
| 12 | 金茂大厦 | 上海 | 88 | 421 | 型钢混凝土柱 | 1999 |
| 13 | 国际金融中心二期 | 香港 | 88 | 412 | 型钢混凝土柱 | 2003 |

| 序号 | 建筑物名称 | 地点 | 层数 | 高度(m) | 组合结构形式 | 建成年份 |
|---|---|---|---|---|---|---|
| 14 | 深圳地王大厦 | 深圳 | 69 | 384 | 型钢混凝土柱 | 1996 |
| 15 | 大连裕景中心 | 大连 | 80 | 383 | 型钢混凝土巨柱 | 2013 |
| 16 | 天津环球金融中心 | 天津 | 75 | 337 | 钢板剪力墙 | 2011 |
| 17 | 中国国际贸易中心3A | 北京 | 74 | 330 | 钢板剪力墙 | 2010 |

天津津湾广场 9 号楼项目位于天津市和平区赤峰路、解放北路、哈尔滨路、合江路交会处。其中,主楼占地约 2 500 m²(50.1 m×50.1 m),地下 4 层,地上 70 层,建筑面积约为 150 000 m²,总建筑高度 299.65 m,为超高层建筑,见图 1−8。主体结构采用钢筋混凝土核心筒－矩形钢管混凝土柱框架抗侧力结构体系。由于结构在低层(第 1~4 层)框架部分需要大空间,故结构第 1~8 层的外框架采用 8 根巨柱加 4 根角柱。结合建筑避难层及立面收进的要求,在第 8 层全层设置转换桁架,完成由稀柱至密柱的转换。结构自第 9 层起,周边框架的柱距为 4.5 m,略大于 4 m,外周钢框架梁高度为 0.95 m。由于结构高区立面收进,在第 58 层沿结构外侧设置腰桁架,该腰桁架承托上部楼层的立柱,并且为控制整个结构在侧向荷载作用下的变形提供刚度。

(a) 效果图　　　　　　　　　　　　　(b) 在建过程图

**图 1−8　天津津湾广场 9 号楼**

　　图1-9是天津泰安道五号院工程,工程总建筑面积181 000 m²。塔楼地下3层,地上47层,负3层地面标高−14.4 m,屋顶高度250.80 m,最高点高度252.2 m,属于超高层建筑。塔楼部分结构形式为框筒结构,核心筒为钢筋混凝土结构,外框为钢管混凝土柱,框架钢结构与核心筒预埋铁板连接形成整体空间结构,圆管柱与钢梁之间为栓焊刚性连接,钢梁与核心筒为高强螺栓铰接连接。

(a) 五号院施工中的情景　　　　　　　　(b) 五号院典型梁柱节点

**图1-9　天津泰安道五号院**

　　万郡大都城是由高度为97 m左右的32层钢结构住宅组成的建筑群(图1-10)。截至2015年,它是国内最大的全钢结构住宅小区,小区面积近1 000 000 m²。结构抗震设防烈度为8度,结构体系为钢框架及钢支撑组合的双重抗侧力结构体系,采用矩形钢管混凝土柱、H型钢梁和钢支撑、现浇钢筋桁架楼承板,围护使用轻钢龙骨及CCA灌浆墙体、断桥铝合金双层夹芯玻璃门窗。该项目不仅实现了工业化生产、标准化制作,改变了粗放型建设模式造成的资源严重浪费,达到了节能环保和可持续发展的目标,更创造了很高的可回收率。

(a) 建设过程中　　　　　　　　　(b) 建成后全貌

**图1-10　万郡大都城钢结构住宅项目**

　　沧州市福康家园公共租赁住房住宅项目(图1-11)位于沧州市永济路北、永安大道西侧。本工程共8栋住宅楼,2个独立商业以及1个住宅楼中商业等若干个单体。结构体系采用方钢管混凝土组合异型柱框架-支撑体系(18层)和方钢管混凝土组合异型柱框架-剪力墙体系(25层和26层),填充墙体采用砌块墙,楼板体系采用钢筋桁架楼承板。地上建筑总面积 117 953 m²。工程中采用的方钢管组合异型柱体系适用于钢结构住宅,室内没有凸角,柱子与墙体融为一体,是钢结构在住宅建筑中应用的成功范例。福康家园公租房项目是河北省首个采用钢结构的保障房项目,走出了一条建筑业与钢铁产业转型升级、共同发展的路子。

(a) 建设中情景　　　　　　　　　　　　(b) 异型柱节点

**图 1 − 11　沧州市福康家园公共租赁住房住宅项目**

四川汶川映秀镇渔子溪村是"5 · 12"大地震中受损较严重的村落之一,震后只有一户住宅保持完好,其余住宅已不能继续承载居住功能。国家提出要把映秀镇建设成为全国灾后恢复重建样板。该村的重建规划和设计工作由天津大学承担,迁建村庄总户数 241 户,用地面积 120 亩左右,重建设计工作坚持安全、先进、优质、环保的原则,建筑风格发扬传统建筑文化,将川西民居、羌族民居与藏民居有机融合。此次重建工程包括 241 户住宅,分 10 个户型,每户面积 90 ~ 150 m²,均采用了钢管混凝土异型柱与 H 型钢梁结构,节点采用外肋环板节点,见图 1 − 12。

(a) 工程在建情景　　　　　　　　　　　　(b) 异型柱及节点

**图 1 − 12　四川汶川映秀渔子溪村 241 户灾后重建工程**

## 1.5.2　大跨度建筑

天津滨海国际会展中心二期(达沃斯会址)桅杆采用了钢管混凝土格构柱,展厅结构为预应力索空间管桁架体系,屋盖管桁架跨度 69 m,前后各悬挑约 20 m,投影形状为扇形,前侧弧长 118 m,后侧弧长 148 m,两边长 97 m,见图 1 - 13。

图 1 - 13　天津滨海国际会展中心二期(达沃斯会址)

山东滨州国际会展中心,占地面积约 45 000 m²,建筑高度 28.4 m,采用了圆钢管混凝土柱。钢管柱截面有两种,分别为 $\phi$820 mm×16 mm 和 $\phi$720 mm×14 mm,钢材为 Q345B,管内灌 C40 混凝土,底层结构核心部位采用了大跨度(40 m)钢 - 混凝土交叉梁,取得了良好的建筑和经济效果,见图 1 - 14。

图 1 - 14　山东滨州国际会展中心

图 1 – 15 所示为山东滨州国际会展中心框架安装过程中的情景。滨州国际会展中心节点采用了钢梁 – 圆钢管混凝土柱外加强环式节点。

（a）框架　　　　　　　　　　　（b）梁柱节点

图 1 – 15　山东滨州国际会展中心典型框架及梁柱节点

### 1.5.3 工业厂房

与钢筋混凝土柱相比,钢管混凝土柱显得很轻巧,因而已被广泛地用作各类厂房柱。例如:1972 年建成的本溪钢铁公司二炼钢轧辊钢锭模车间,1980 年建成的太原钢铁公司第一钢厂第二小型厂,1980 年建成的吉林种子处理车间,1982 年建成的上海三十一棉纺厂,1983 年建成的大连造船厂船体装配车间,分别于 1982 年和 1986 年建成的武昌造船厂和中华造船厂船体结构车间,1985 年建成的太原钢铁公司三炼钢连铸车间,1985 年建成的沈阳沈海热电厂和柳州水泥厂窑外分解塔车间,1992 年建成的哈尔滨建成机械厂大容器车间,1996 年建成的宝钢某电炉废钢车间和某热轧厂房等,均采用了钢管混凝土格构式柱。太一电厂集控楼和 1984 年完工的上海特种基础科研所科研楼也采用了钢管混凝土柱。

图 1 – 16 和图 1 – 17 所示分别为宝钢某电炉废钢车间和某热轧厂房内景。

图 1 – 16　宝钢某电炉废钢车间内景　　　　图 1 – 17　宝钢某热轧厂房内景

### 1.5.4 桥梁

钢管混凝土已在桥梁结构中得到较为广泛的应用,取得了良好的社会效益,积累了许多宝贵的工程实践经验。

拱式结构主要承受轴向压力,当跨度很大时,拱肋将承受很大的轴向压力,采用钢管混凝土是十分合理的。钢管混凝土被用作拱桥的承压构件,在施工时空钢管不但具有模板和钢筋的作用,还具有加工成型后空钢管骨架刚度大、承载能力高、重量轻的优点,结合桥梁转体施工工艺,可实现拱桥材料高强度和无支架施工拱圈轻型化的目标。例如1996年建成的下牢溪大桥,它是三峡工程对外交通专用公路上的一座重要桥梁,桥面总宽18.5 m,按4车道布置,主跨采用了上承式钢管混凝土悬链线无铰拱,跨度为160 m,净矢高为32 m,矢跨比为1/5,拱轴系数为1.543。由于公路主要服务于三峡大坝施工,设计荷载很大,因而采用变截面拱圈,全桥布置了四条拱肋,中心距离为4.5 m,肋与肋之间以主撑和副撑加强,以保证拱的横向刚度。拱圈截面为哑铃形,高度为2.5~2.9 m,钢管混凝土外径为1 000 mm,壁厚为10~12 mm,钢材为Q345,内填C50混凝土。图1-18(a)所示为建成后的下牢溪大桥,图1-18(b)所示为下牢溪大桥施工过程中的情形。

（a）建成后

（b）施工过程中

**图1-18　下牢溪大桥**

1996年建成的长安大学人行天桥和1997年建成的上海浦东运河大桥都采用了单钢管混凝土的拱肋形式,分别如图1-19和图1-20所示。

**图1-19　长安大学人行天桥**　　　　　　**图1-20　上海浦东运河大桥**

1996年建成通车的浙江杭州新塘路运河桥,跨越京杭大运河,采用了下承式钢管混凝土无风撑系杆拱,拱肋采用了圆端形的扁钢管,如图1-21所示。

图 1 – 21 杭州新塘路运河桥

1996 年建成通车的莲沱大桥(图 1 – 22),是三峡工程对外交通专用公路上的一座重要桥梁,计算跨度 116 m,拱肋采用竖置的哑铃形截面形式。1998 年建成通车的山东济南东站钢管混凝土拱桥(图 1 – 23),其拱肋的弦杆由四个直径为 650 mm、壁厚为 10 mm 的钢管组成。

图 1 – 22 莲沱大桥

图 1 – 23 山东济南东站钢管混凝土拱桥

2000 年建成的广州丫髻沙大桥(图 1 – 24),主跨计算跨度 344 m。拱肋采用了六管格构式截面,钢管横截面外径为 750 mm。大桥平转转体每侧重量达 13 600 t。该桥是迄今跨度最大的钢管混凝土拱桥。

1997 年建成的万县长江大桥,桥区处于三峡库区,采用了净跨 420 m 单孔跨越长江的钢管混凝土拱桥方案。双向可通行三峡库区规划的万吨级船队。主拱圈的净跨为 420 m,净矢高 84 m。其劲性骨架采用了钢管混凝土,既作为施工成拱承重结构,又是桥梁结构受力的永久组成部分。该桥是迄今采用钢管混凝土的最大跨度钢管混凝土劲性骨架拱桥,如图 1 – 25 所示。

钢管混凝土除了在公路拱桥中得到大量应用外,近年来还开始在铁路拱桥中应用,例如

图 1 - 24　广州丫髻沙大桥

图 1 - 25　万县长江大桥

2001 年建成的贵州水柏铁路中段的北盘江大桥等。此外,国内也有不少采用钢管混凝土空间桁架组合梁式结构的桥梁。

## 1.5.5　其他

### 1. 工业平台

在各种工业用平台或构筑物中,其下部支柱一般都承受很大的轴压荷载,因而采用钢管混凝土柱比较合理。钢管混凝土在各种设备构架柱、支架柱和栈桥柱中的应用较多。如1978 年建成的首钢二号高炉构架、1979 年建成的首钢四号高炉构架、1982 年建成的湖北荆门热电厂锅炉构架、1979 年建成投产的黑龙江新华电厂加热器平台柱、1983 年建成的江西德兴铜矿矿石储仓支架柱以及北京首钢自备电厂和山西太一电厂的输煤栈桥柱等。

图 1 - 26 和图 1 - 27 分别为午旺电厂四期和山西太一电厂的输煤栈桥柱。

### 2. 地铁站台柱

地铁站台柱承受的轴向压力很大,采用承载力高的钢管混凝土柱可以减小柱截面尺寸,

图 1 - 26　午旺电厂四期输煤栈桥柱　　　　　图 1 - 27　山西太一电厂输煤栈桥柱

扩大使用面积。天津于家堡地铁站为纯地下高铁站房,其特点是大空间、大跨度、结构复杂,顶板为型钢混凝土结构,支撑柱采用钢管混凝土柱,钢管柱直径 1 400 mm,壁厚 42 mm,单根钢管柱节点重达 28 t。

图 1 - 28 和图 1 - 29 分别为于家堡地铁站效果图和施工过程中的梁柱节点。

图 1 - 28　于家堡地铁站效果图　　　　　图 1 - 29　于家堡地铁站施工过程中的梁柱节点

3. 送变电杆塔

送变电杆塔主要承受风荷载,杆塔立柱受轴压力作用,因而用钢管混凝土柱是合理的,可取得良好的经济效益。因送变电杆塔多建在野外,钢管混凝土现场浇筑十分困难,近年来出现了薄壁钢管混凝土预制构件,它可在工厂中分段制造,再运到指定地点安装,免去了现场浇筑的工序,大大促进了薄壁钢管混凝土的推广。如 1980 年建成的松蚊 220 kV 线路中的终端塔采用了钢管混凝土柱,1986 年在沿葛洲坝水电站输出线路上及繁昌变电所 500 kV 变电构架中也都采用了钢管混凝土柱,2011 年湖州妙西 500 kV 送变电所采用了薄壁钢管混凝土预制构件。

图 1 - 30 为湖州妙西 500 kV 送变电所建成后情景。

图 1 – 30　湖州妙西 500 kV 送变电所变电构架

### 4. 桁架压杆

在桁架压杆中采用钢管混凝土可充分运用这类结构的特点,从而达到节省钢材、减少投资的目的。实际工程有 20 世纪 60 年代建造的山西中条山煤矿的钢屋架中的压杆。1982年完工的吉林造纸厂碱炉与电站工程中电除尘工段的屋架中也采用了钢管混凝土。在桥梁工程中,已建成通车的广东南海市紫洞大桥、湖北秭归县向家坝大桥的主梁均采用了钢管混凝土空间桁架,综合经济效益显著。

图 1 – 31 和图 1 – 32 分别为广东南海市紫洞大桥和湖北秭归县向家坝大桥建成后情景。

图 1 – 31　广东南海市紫洞大桥

**图 1 – 32　湖北秭归县向家坝大桥**

5. 桩

目前,钢管混凝土桩已在软土地基上的高层建筑、桥梁、码头等重要建筑物的基础中得到应用。例如上海杨浦大桥建设中采用了钢管混凝土桩技术。20 世纪 90 年代的宝钢三期工程试验成功并推广了具有较高承载力的钢管混凝土桩技术。据统计,应用钢管混凝土桩代替钢管桩节省投资达 2 亿多元。

# 第2章 压型钢板－混凝土组合板设计

## 2.1 概述

### 2.1.1 压型钢板－混凝土组合板的构成

压型钢板－混凝土组合板是指在压型钢板上浇筑混凝土并通过相关构造措施使压型钢板与混凝土两者组合形成整体共同工作的受力板件,简称组合板,如图2-1所示。由于组合板具有良好的结构性能和合理的施工工序,而且与传统楼板相比具有更好的综合经济效益,其在建筑结构中的应用日益广泛。

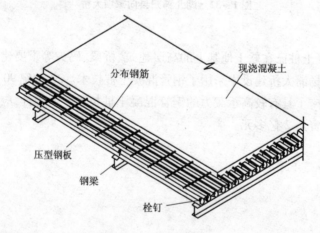

图2-1 组合板构造图

### 2.1.2 压型钢板－混凝土组合板的特点

与普通钢筋混凝土楼板相比,压型钢板－混凝土组合板具有以下优点。

(1)压型钢板可作为浇灌混凝土的模板,节省了大量木模板及支撑,从而能够大大加快施工进度。

(2)压型钢板质量很轻,堆放、运输及安装非常方便,提高了施工效率。

(3)使用阶段,压型钢板可以部分或完全代替楼板中的受拉钢筋,减少钢筋的制作与安装工作。

(4)刚度较大,省去大量受拉区混凝土,节省混凝土用量,减轻结构自重,地震反应降低,并相应减小梁、柱和基础的尺寸。

(5)压型钢板的肋部便于埋设布置各种管线,使结构层与管线合为一体,从而可以增大净空或降低建筑总高度,提高建筑设计的灵活性。

(6)与木模板相比,施工时减小了火灾发生的可能性。

(7)在施工阶段,压型钢板也可以作为钢梁的侧向支撑,起到支撑钢梁侧向稳定的作用。

应当注意,在施工阶段由于压型钢板与混凝土尚未形成组合作用,需要采取合理的措施防止压型钢板挠度过大等不利情况出现。例如:在施工中应该避免钢板直接作用有过大的集中荷载;在浇筑混凝土前,需要清除压型钢板表面的杂物和灰尘,以保证压型钢板与混凝土之间的良好结合;做好固定措施,避免压型钢板被风掀起。

压型钢板－混凝土组合板由压型钢板与现浇混凝土板两部分构成,为使压型钢板与混凝土组合在一起共同作用,应采取如下的一种或几种措施。

(1)在压型钢板上设置压痕,以增加叠合面上的机械黏结。

(2)改变压型钢板截面形式,以增加叠合面上的摩擦黏结。

(3)在压型钢板上翼缘焊接横向钢筋。

(4)在压型钢板端部设置栓钉连接件,以增加组合板的端部锚固。

压型钢板的形式有开口型、缩口型、闭口型,根据计算,可在压型钢板底部不配置、部分配置或配置受拉钢筋,见图2-2。

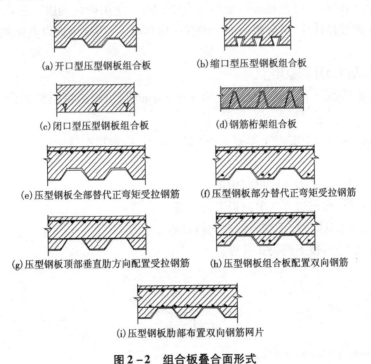

(a)开口型压型钢板组合板      (b)缩口型压型钢板组合板

(c)闭口型压型钢板组合板      (d)钢筋桁架组合板

(e)压型钢板全部替代正弯矩受拉钢筋      (f)压型钢板部分替代正弯矩受拉钢筋

(g)压型钢板顶部垂直肋方向配置受拉钢筋      (h)压型钢板组合板配置双向钢筋

(i)压型钢板肋部布置双向钢筋网片

**图2-2 组合板叠合面形式**

# 2.2 压型钢板－混凝土组合板的设计原则

组合板应对其施工及使用两个阶段分别按承载能力极限状态和正常使用极限状态进行设计,并应符合现行国家标准《建筑结构可靠度设计统一标准》(GB 50068—2001)的规定。

组合板在施工和使用阶段内力计算时,弯矩计算应采用轴线跨度,剪力计算可采用净跨度。施工阶段设计时,可将临时支撑视为支座,跨度可按临时支撑的跨度计算;使用阶段设计时,跨度必须按拆除临时支撑后的跨度计算。

1. 施工阶段

在施工阶段混凝土尚未达到设计强度之前,楼板上的荷载(包括施工荷载)均由作为浇筑混凝土底模的压型钢板承担,应验算压型钢板的强度和变形。

施工阶段,压型钢板作为模板,应计算以下荷载。

永久荷载:压型钢板、钢筋和混凝土自重。

可变荷载:施工荷载,应以施工实际荷载为依据。

当能测量施工实际可变荷载或实测施工可变荷载小于 $1.0 \text{ kN/m}^2$ 时,施工可变荷载可取 $1.0 \text{ kN/m}^2$。

施工阶段,压型钢板应沿强边(顺肋)方向按单向板计算。

2. 使用阶段

在使用阶段,混凝土达到设计强度,荷载由混凝土与压型钢板共同承担,应验算其正截面的抗弯承载力、斜截面抗剪承载力、纵向抗剪承载力、局部荷载作用下的抗冲切承载力。同时,还需对使用阶段的组合板进行变形与裂缝验算。使用阶段的组合板正截面承载力一般按照塑性方法进行计算,组合板截面上的受压区混凝土、压型钢板以及钢筋均达到其强度设计值。

1)组合板的内力计算原则

当压型钢板肋顶以上混凝土厚度为 50 ~ 100 mm 时,组合板可沿强边(顺肋)方向按单向板计算。

当压型钢板肋顶以上混凝土厚度 $h_c > 100$ mm 时,应根据有效边长比 $\lambda_e$,按下列规定进行计算:

当 $\lambda_e < 0.5$ 时,按强边方向单向板进行计算;

当 $\lambda_e > 2.0$ 时,按弱边方向单向板进行计算;

当 $0.5 \leq \lambda_e \leq 2.0$ 时,按正交异性双向板计算。

有效边长比 $\lambda_e$ 可按下列公式计算:

$$\lambda_e = \frac{l_x}{\mu l_y} \tag{2-1}$$

$$\mu = \left(\frac{I_x}{I_y}\right)^{1/4} \tag{2-2}$$

式中　$\mu$——板的各向异性系数;

　　　$I_x$——组合板强边方向计算宽度的截面惯性矩;

　　　$I_y$——组合板弱边方向计算宽度的截面惯性矩,只考虑压型钢板肋顶以上混凝土的厚度 $h_c$;

　　　$l_x$、$l_y$——组合板强边、弱边方向的边长。

2)正交异性双向板的计算

正交异性双向板对边长修正后,可简化为等效各向同性板。计算强边方向弯矩 $M_x$ 时,弱边方向等效边长可取 $\mu l_y$,按各向同性板计算 $M_x$;计算弱边方向弯矩 $M_y$ 时,强边方向等效边长可取 $l_x/\mu$,按各向同性板计算 $M_y$,其计算边长见图 2 – 3。

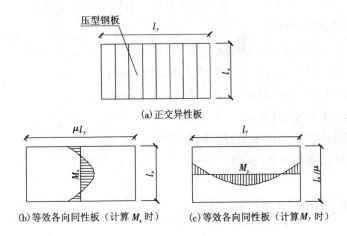

(a) 正交异性板

(b) 等效各向同性板（计算 $M_x$ 时）　　(c) 等效各向同性板（计算 $M_y$ 时）

**图 2 – 3　正交异性双向板的计算边长**

3）四边简支双向组合板的设计原则

对于四边简支双向组合板,其强边方向可按组合板设计;考虑弱边方向受力时,可按板厚为 $h_0$ 的普通混凝土板计算。

4）双向组合板周边支承条件确定原则

当双向组合板两个方向的跨度大致相等且相邻跨连续时,应将其周边视为固定边;当相邻跨度相差较大时或压型钢板以上的混凝土板不连续时,应视为简支边。

5）局部荷载作用下的组合板有效工作宽度 $b_e$ 的确定

在局部集中（线）荷载作用下,组合板尚应单独验算,假设荷载按 45° 角扩散传递,其有效工作宽度 $b_e$ 应按下式确定,见图 2 – 4。

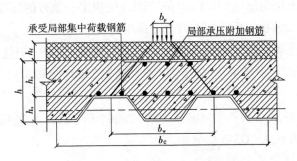

**图 2 – 4　局部荷载分布有效宽度**

受弯计算时:

简支板

$$b_e = b_w + 2l_p(1 - l_p/l) \tag{2 – 3}$$

连续板

$$b_e = b_w + 4l_p(1 - l_p/l)/3 \tag{2 – 4}$$

受剪计算时:

$$b_e = b_w + l_p(1 - l_p/l) \tag{2-5}$$

$$b_w = b_p + 2(h_c + h_f) \tag{2-6}$$

式中　　$l$——组合板跨度(mm);

　　　　$l_p$——荷载作用点至板支座的较近距离(mm);

　　　　$b_e$——局部荷载在组合板中的有效工作宽度(mm);

　　　　$b_w$——局部荷载在压型钢板中的工作宽度(mm);

　　　　$b_p$——局部荷载宽度(mm);

　　　　$h_c$——压型钢板肋顶以上混凝土厚度(mm);

　　　　$h_f$——地面饰面层厚度(mm)。

# 2.3　施工阶段压型钢板设计

在施工阶段压型钢板作为浇筑混凝土的底模,应对其强度与变形进行验算。施工阶段应考虑的荷载包括压型钢板与钢筋、混凝土自重等永久荷载以及施工荷载与附加荷载等可变荷载。这里的施工荷载指工人、施工机械、设备和堆载等,并考虑施工时可能产生的冲击与振动。当压型钢板跨中挠度大于 20 mm 时,确定混凝土的自重时应考虑"坑凹"效应,计算时适当增加混凝土的自重。

## 2.3.1　压型钢板及其截面特性

### 1. 压型钢板的材料

压型钢板质量应符合现行国家标准《建筑用压型钢板》(GB/T 12755—2008)的要求,用于冷弯压型钢板的基板应选用热浸镀锌钢板,不宜选用镀铝锌板。镀锌层应符合现行国家标准《连续热镀锌钢板及钢带》(GB/T 2518—2008)的规定。钢板的强度标准值应具有不小于95%的保证率,压型钢板材质应按下列规定选用:

现行国家标准《连续热镀锌钢板及钢带》(GB/T 2518—2008)中规定的 S250(S250GD + Z、S250GD + ZF),S350(S350GD + Z、S350GD + ZF),S550(S550GD + Z、S550GD + ZF)牌号的结构用钢;

现行国家标准《碳素结构钢》(GB/T 700—2006)和《低合金高强度结构钢》(GB/T 1591—2008)中规定的 Q235、Q345 牌号钢。

压型钢板强度设计值见表 2 - 1。

表 2 - 1　压型钢板强度设计值(N/mm²)

| 牌号 | S250 | S350 | S550 | Q235 | Q345 |
|------|------|------|------|------|------|
| $f_a$ | 205 | 290 | 395 | 205 | 300 |
| $f_{av}$ | 120 | 170 | 230 | 120 | 175 |

钢板的弹性模量见表 2 – 2。

表 2 – 2　钢板的弹性模量( $\times 10^5$ N/mm² )

| 钢材品种 | 冷轧钢板 | 热轧钢板 |
|---|---|---|
| $E_s$ | 1.90 | 2.06 |

**2. 压型钢板的截面尺寸要求**

压型钢板腹板与翼缘水平板之间的夹角 $\theta$ 不宜小于 45°,用于组合板的压型钢板净厚度(不含镀锌或饰面层厚度)应为 0.75 ~ 1.6 mm,一般宜取 1 mm 或 1.2 mm,主要防止压型钢板刚度太小。

为便于混凝土的浇筑,压型钢板上口槽宽 $b_w$ 不应小于 50 mm。

压型钢板的各部板件(受压翼缘和腹板)的宽(高)厚比符合下式要求:

$$b_t/t \leqslant [b_t/t] \quad \text{或} \quad h_p/t \leqslant [h_p/t] \tag{2-7}$$

式中　$b_t$——压型钢板受压翼缘在相邻支撑点之间的有效计算宽度;

　　　$h_p$——压型钢板的腹板高度;

　　　$t$——压型钢板的基板厚度;

　　　$[b_t/t]$,$[h_p/t]$——压型钢板的容许最大宽(高)厚比,见表 2 – 3。

表 2 – 3　压型钢板各板件的容许最大宽(高)厚比

| 压型钢板 | | 最大宽(高)厚比 $[b_t/t]$ 或 $[h_p/t]$ |
|---|---|---|
| 板件 | 支撑条件 | |
| 受压翼缘板 | 两边支撑(有中间加劲肋时含加劲肋) | 500 |
| | 一边支撑,一边卷边 | 60 |
| | 一边支撑,一边自由 | 60 |
| 腹板 | 无加劲肋 | 200 |

**3. 压型钢板的型号及截面特性**

国产部分压型钢板的型号和截面特性见表 2 – 4。

当压型钢板的受压翼缘宽厚比 $[b_t/t]$ 满足要求时,其截面特性可按实际全截面进行计算。

当压型钢板的受压翼缘宽厚比 $[b_t/t]$ 不能满足要求时,其截面特性应按其有效截面进行计算。压型钢板的有效截面主要取决于压型钢板受压翼缘的有效宽度 $b_{ef}$。

表 2-4　国产部分压型钢板规格与参数

| 板型 | 板厚 /mm | 重量/(kg/m) | | 断面性能(1 m 宽) | | | |
|---|---|---|---|---|---|---|---|
| | | | | 全截面 | | 有效宽度 | |
| | | 未镀锌 | 镀锌 Z27 | 惯性矩 I /(cm⁴/m) | 截面系数 W /(cm³/m) | 惯性矩 I /(cm⁴/m) | 截面系数 W /(cm³/m) |
| YX-75-230-690(I) | 0.8 | 9.96 | 10.6 | 117 | 29.3 | 82 | 18.8 |
| | 1.0 | 12.4 | 13.0 | 145 | 36.3 | 110 | 26.2 |
| | 1.2 | 14.9 | 15.5 | 173 | 43.2 | 140 | 34.5 |
| | 1.6 | 19.7 | 20.3 | 226 | 56.4 | 204 | 54.1 |
| | 2.3 | 28.1 | 28.7 | 316 | 79.1 | 316 | 79.1 |
| YX-75-230-690(II) | 0.8 | 9.96 | 10.6 | 117 | 29.3 | 82 | 18.8 |
| | 1.0 | 12.4 | 13.0 | 146 | 36.5 | 110 | 26.2 |
| | 1.2 | 14.8 | 15.4 | 174 | 43.4 | 140 | 34.5 |
| | 1.6 | 19.7 | 20.3 | 228 | 57.0 | 204 | 54.1 |
| | 2.3 | 28.0 | 28.6 | 318 | 79.5 | 318 | 79.5 |
| YX-75-200-690(I) | 1.2 | 15.7 | 16.3 | 168 | 38.4 | 137 | 35.9 |
| | 1.6 | 20.8 | 21.3 | 220 | 50.2 | 200 | 48.9 |
| | 2.3 | 29.5 | 30.2 | 306 | 70.1 | 309 | 70.1 |
| YX-75-200-690(II) | 1.2 | 15.6 | 16.3 | 169 | 38.7 | 137 | 35.9 |
| | 1.6 | 20.7 | 21.3 | 220 | 50.7 | 200 | 48.9 |
| | 2.3 | 29.5 | 30.2 | 309 | 70.6 | 309 | 70.6 |
| YX-70-200-600 | 0.8 | 10.5 | 11.1 | 110 | 26.6 | 76.8 | 20.5 |
| | 1.0 | 13.1 | 13.6 | 137 | 33.3 | 96 | 25.7 |
| | 1.2 | 15.7 | 16.2 | 164 | 40 | 115 | 30.6 |
| | 1.6 | 20.9 | 21.5 | 219 | 53.3 | 163 | 40.8 |

4. 压型钢板受压翼缘的有效宽度

组合板的压型钢板由腹板和翼缘组成波状外形,翼缘与腹板之间通过接触面上的纵向剪应力来传递应力。翼缘横截面上的纵向应力一般分布不均匀,在与腹板交接处的应力最大,距腹板愈远处,应力愈小,并呈曲线递减。

当压型钢板受压翼缘宽度较大且受力达到极限状态时,距腹板较远处的受压翼缘的压应力较小,整个受压翼缘宽度没有充分发挥材料性能。在实际设计过程中,为了简化计算,通常将压型钢板受压翼缘的应力分布简化成在有效宽度上的均布应力。

压型钢板的有效宽度可以根据《冷弯薄壁型钢结构技术规范》(GB 50018—2002)中的相关规定,精确地计算出纵向应力沿受压翼缘宽度的分布情况和受压翼缘的有效宽度,但其计算十分烦琐。

实际计算中,为了简化计算,压型钢板的受压翼缘有效宽度 $b_{ef}$ 可按下式简化计算:

$$b_{ef} = 50t \tag{2-8}$$

式中　$b_{ef}$——压型钢板受压翼缘的有效宽度;

　　　$t$——压型钢板受压翼缘的基板厚度。

## 2.3.2　施工阶段压型钢板的强度及变形验算

在施工阶段,压型钢板作为浇筑混凝土的底模,应对其强度和变形进行验算。压型钢板截面特性应按现行国家标准《冷弯薄壁型钢结构技术规范》（GB 50018—2002）进行计算。施工阶段压型钢板应沿强边（顺肋）方向按单向板计算，根据施工时临时支撑情况，按单跨、两跨或多跨计算；承载力计算时，结构重要性系数 $\gamma_0$ 可取 0.9。

压型钢板受弯承载力应满足下列要求：

$$\gamma_0 M \leqslant f_a W_{ae} \tag{2-9}$$

式中　$M$——计算宽度内压型钢板的弯矩设计值；

$f_a$——压型钢板抗拉强度设计值；

$W_{ae}$——计算宽度内压型钢板的有效截面抵抗矩，取受压区 $W_{sc}$ 与受拉区 $W_{st}$ 的较小值。

$\gamma_0$——结构重要性系数，可取 0.9。

$$\begin{cases} W_{sc} = I_s / X_c \\ W_{st} = I_s / (h_a - X_c) \end{cases} \tag{2-10}$$

式中　$I_s$—— 单位宽度压型钢板对截面重心轴的惯性矩，对于受压翼缘的计算有效宽度 $b_{ef}$，可以按照《冷弯薄壁型钢结构技术规范》（GB 50018—2002）计算，简化处理可取 $b_{ef} = 50t$，如图 2 – 5 所示；

$X_c$——压型钢板从受压翼缘外边缘到中和轴的距离；

$h_a$——压型钢板总高度。

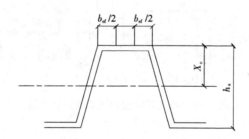

**图 2 – 5　压型钢板有效宽度**

压型钢板在施工阶段还应进行正常使用极限状态的挠度验算，当作用有均布荷载时：

简支板

$$\omega_s = \frac{5}{384} \frac{S_s L^4}{E I_s} \leqslant [\omega] \tag{2-11}$$

两跨连续板

$$\omega_s = \frac{1}{185} \frac{S_s L^4}{E I_s} \leqslant [\omega] \tag{2-12}$$

式中　$S_s$——荷载短期效应组合的设计值；

$E$——压型钢板弹性模量；

$I_s$——单位宽度压型钢板的全截面惯性矩；

$[\omega]$——容许挠度，取 $L/180$ 及 20 mm 的较小值；

$L$——压型钢板跨度。

## 2.4　使用阶段组合板设计

组合板在使用阶段的截面设计应保证具有足够抵抗各种可能的极限状态破坏的模式。应进行正截面抗弯能力、纵向抗剪能力、抗冲剪能力、斜截面抗剪能力等破坏状态计算。对连续组合板还应进行负弯矩区段的截面强度与裂缝宽度验算。

### 2.4.1　使用阶段受弯承载力极限状态计算

组合板受弯承载力采用塑性计算方法进行计算,假定截面受拉区和受压区材料均达到设计强度值。组合板抗弯能力计算时,应根据其受力后塑性中和轴位置不同分为两种截面:第一类截面,塑性中和轴在压型钢板以上混凝土内(如图 2 – 6(a)所示);第二类截面,塑性中和轴在压型钢板内(如图 2 – 6(b)所示)。另外,压型钢板抗拉强度设计值 $f$ 与混凝土弯曲抗压强度设计值 $f_{cm}$ 均分别乘以折减系数 0.8。

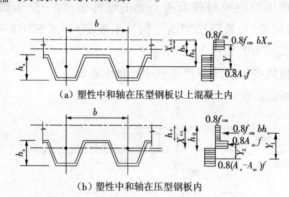

(a) 塑性中和轴在压型钢板以上混凝土内

(b) 塑性中和轴在压型钢板内

**图 2 – 6　组合板正截面抗弯能力计算图**

1. 第一类截面

当 $A_s f \leqslant f_{cm} h_c b$ 时,塑性中和轴在压型钢板上翼缘以上的混凝土内(如图 2 – 6(a)所示),组合板抗弯能力按下式进行计算:

$$M \leqslant 0.8 f_{cm} X_{cc} b Y \qquad (2-13)$$

$$X_{cc} = A_s f / (f_{cm} b), \quad Y = h_0 - X_{cc}/2$$

式中　$X_{cc}$——组合板受压区高度,当 $X_{cc} > 0.55 h_0$ 时,取 $X_{cc} = 0.55 h_0$;

　　　　$h_0$——组合板有效高度,即从压型钢板重心至混凝土受压边缘的距离;

　　　　$Y$——压型钢板截面应力合力至混凝土受压区截面应力合力的距离;

　　　　$b$——压型钢板单位宽度;

　　　　$A_s$——压型钢板截面面积(单位宽度内);

　　　　$f_{cm}$——混凝土弯曲抗压强度设计值。

2. 第二类截面

当 $A_s f > f_{cm} h_c b$ 时,塑性中和轴在压型钢板内(如图 2 – 6(b)所示),组合板正截面抗弯能力按下式计算:

$$M \leqslant 0.8(f_{cm} h_c b Y_1 + A_{sc} f Y_2) \qquad (2-14)$$

式中　$A_{sc}$——塑性中和轴以上的压型钢板面积，$A_{sc} = 0.5(A_s - f_{cm}h_c b/f)$；

　　　$Y_1$、$Y_2$——压型钢板受拉区截面拉应力合力至受压区混凝土板截面和压型钢板截面压应力合力的距离。

## 2.4.2　组合板斜截面抗剪承载力计算

一般情况下，由于组合板沿竖向较柔，在斜截面竖向剪力作用下，斜截面不易发生斜截面剪切破坏，因此组合板的斜截面抗剪承载力不是组合板破坏的控制条件。但当组合板的高跨比很大且荷载也较大时，在设计过程中必须要验算其斜截面抗剪承载力。

组合板的斜截面抗剪承载力按下式要求计算：

$$V_c \leqslant 0.07 f_c W_t h_0 \tag{2-15}$$

式中　$V_c$——组合板斜截面上的剪力设计值；

　　　$f_c$——混凝土轴心抗压强度设计值；

　　　$W_t$——组合板平均肋宽（mm）；

　　　$h_0$——组合板的有效高度（mm），取压型钢板截面重心至混凝土受压边缘的距离。

## 2.4.3　组合板混凝土与压型钢板截面的纵向抗剪承载力计算

如果压型钢板与混凝土组合板的纵向抗剪承载力不能满足要求，在组合板的混凝土与压型钢板的叠合面上将产生纵向裂缝，从而影响两者之间的共同工作，严重时将引起压型钢板与混凝土之间的相对滑移，导致组合板的纵向剪切破坏。

组合板混凝土与压型钢板截面的纵向抗剪承载力按下式要求计算：

$$V_f \leqslant V_u = \alpha_0 - \alpha_1 L_v + \alpha_2 W_t h_0 + \alpha_3 t \tag{2-16}$$

式中　$L_v$——组合板剪跨（mm）；

　　　$W_t$——组合板平均肋宽（mm）；

　　　$t$——压型钢板厚度（mm）；

　　　$V_u$——组合板抗剪能力（kN/m）；

　　　$V_f$——组合板的纵向剪力设计值（kN/m）；

　　　$\alpha_0$、$\alpha_1$、$\alpha_2$、$\alpha_3$——剪力黏结系数，一般由试验确定或压型钢板生产厂家提供，当无数据来源时，也可取 $\alpha_0 = 78.142$，$\alpha_1 = 0.0981$，$\alpha_2 = 0.0036$，$\alpha_3 = 38.625$。

## 2.4.4　组合板抗冲剪承载力计算

组合板在集中荷载下的抗冲剪能力按下式计算：

$$V_p \leqslant 0.6 f_t c_p h_c \tag{2-17}$$

式中　$c_p$——临界周边长度（见图 2 – 7）；

　　　$V_p$——组合板的抗冲剪设计值；

　　　$f_t$——混凝土轴心抗拉强度设计值；

　　　$h_c$——压型钢板顶面以上的混凝土计算厚度。

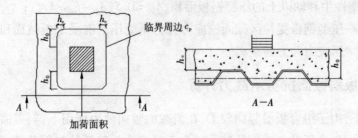

图 2 − 7  集中荷载作用下组合板冲切面的临界周边

### 2.4.5  组合板挠度、裂缝宽度和自振频率计算

1. 组合板的挠度计算

组合板的挠度应分别按荷载短期效应组合与荷载长期效应组合计算,取其中不利者,最不利结果不应超过规定的容许值 $[\omega]$,即

$$\max(\omega_s, \omega_1) \leqslant [\omega] \tag{2−18}$$

式中    $\omega_s$——采用荷载短期效应组合的设计值 $S_s$ 与相应换算截面刚度 $B_s$ 计算的挠度值;

$\omega_1$——采用荷载长期效应组合的设计值 $S_1$ 与相应换算截面刚度 $B_1$ 计算的挠度值;

$[\omega]$——容许挠度值,$[\omega] = L/360$。

荷载短期效应组合下的挠度如下。

简支均布荷载:$\omega_s = 5S_sL^4/384B_s$。

简支集中荷载:$\omega_s = S_sL^4/48B_s$。

双跨连续均布荷载:$\omega_s = S_sL^4/185B_s$。

荷载长期效应组合下的挠度如下。

简支均布荷载:$\omega_1 = 5S_1L^4/384B_1$。

简支集中荷载:$\omega_1 = S_1L^4/48B_1$。

双跨连续均布荷载:$\omega_1 = S_1L^4/185B_1$。

组合板在荷载效应的标准组合和准永久组合下的等效刚度 $B_s$、$B_1$ 可分别按式(2 − 19)和(2 − 20)计算:

$$B_s = EI_0 \tag{2−19}$$

$$B_1 = EI'_0 \tag{2−20}$$

式中的 $I_0$ 为按全截面有效计算的组合截面换算截面惯性矩,对荷载效应的标准组合,按下式计算:

$$I_0 = \frac{1}{\alpha_E}\left[ I_c + A_c(x_n - h'_c)^2 \right] + I_s + A_p(h_0 - x_0)^2 \tag{2−21}$$

对图 2 − 8 所示的组合截面,可按下式计算:

$$I_0 = \frac{Bh_c^3}{12\alpha_E} + \frac{Bh_c}{\alpha_E}\left( x_n - \frac{h_c}{2} \right)^2 + \frac{b'h_s^3}{12\alpha_E} + \frac{b'h_s}{\alpha_E}\left( h_c + \frac{h_s}{2} - x_n \right)^2 + I_s + A_p(h_0 - x_0)^2 \tag{2−22}$$

式中的 $x_n$ 为按全截面计算的组合板中和轴至截面受压区边缘的距离,按下式计算:

$$x_n = \frac{A_c h_c' + \alpha_E A_p h_0}{A_c + \alpha_E A_p} \qquad (2-23)$$

对图 2 – 8 所示的组合截面,可按下式计算:

$$x_n = \frac{\dfrac{B h_c^2}{2} + h_s b' \left( h_s + \dfrac{h_c}{2} \right) + \alpha_E A_p h_0}{B h_c + h_s b' + \alpha_E A_p} \qquad (2-24)$$

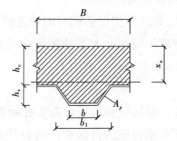

**图 2 – 8　组合截面惯性矩计算简图**

式中　$h_c'$——混凝土截面形心轴至受压区边缘的距离;

　　　$A_c$——混凝土截面面积;

　　　$h_c$——压型钢板上翼缘以上混凝土板的厚度;

　　　$B$——压型钢板的波距;

　　　$\alpha_E$——压型钢板与混凝土的弹性模量之比;

　　　$A_p$——计算宽度上压型钢板截面面积;

　　　$h_0$——组合板的有效高度;

　　　$I_s, I_c$——压型钢板和混凝土部分对各自形心轴的惯性矩;

　　　$b'$——将压型钢板沟部混凝土近似为矩形截面的沟槽平均宽度,即

$$b' = \frac{b_1 + b}{2} \qquad (2-25)$$

　　　$b_1, b$——压型钢板沟槽上口和下口的宽度。

计算荷载效应准永久组合下截面中和轴至受压区边缘的距离 $x_n'$ 以及换算截面惯性矩 $I_0'$ 时,只需将式(2 – 21)至式(2 – 24)中的 $\alpha_E$ 换成 $2\alpha_E$ 即可。

2. 组合板的裂缝宽度计算

对组合板的裂缝宽度进行验算,主要是验算连续组合板负弯矩区的最大裂缝宽度是否满足设计要求,目的是控制此处的裂缝大小。

鉴于混凝土裂缝宽度分布的不均匀及荷载效应的准永久组合的影响,组合板负弯矩区段的最大裂缝宽度 $\omega_{max}$ 按下式计算:

$$\omega_{max} = 2.1 \psi \nu (54 + 10 d_s) \frac{\sigma_{ss}}{E_s} \leqslant \omega_{lim} \qquad (2-26)$$

式中　$\omega_{max}$——组合板负弯矩区段的最大裂缝宽度;

　　　$\psi = 1.1 - 65 f_{tk} / \sigma_{ss}$——裂缝之间纵向受拉钢筋应变的不均匀系数;

　　　$\sigma_{ss} = M_s / (0.87 h_0' A_s)$——按荷载效应标准组合计算的纵向受拉钢筋的应力;

$M_s$——荷载效应标准组合时组合板的负弯矩设计值；

$h_0'$——位于压型钢板上翼缘以上的混凝土有效高度，取 $h_0' = h_c - 20 \text{ mm}$；

$h_c$——压型钢板顶面以上的混凝土计算厚度；

$A_s$——组合板负弯矩区段纵向受拉钢筋的截面面积；

$\nu$——纵向受拉钢筋的表面特征系数，对光面钢筋取 $\nu - 1.0$，对变形钢筋取 $\nu = 0.7$；

$d_s$——组合板负弯矩区段纵向受拉钢筋的直径；

$E_s$——组合板负弯矩区段纵向受拉钢筋钢材的弹性模量；

$\omega_{\lim}$——连续组合板负弯矩区段的最大裂缝宽度的限制，对一类环境 $\omega_{\lim} = 0.3 \text{ mm}$，对二类环境 $\omega_{\lim} = 0.2 \text{ mm}$。

　　3. 组合板的自振频率计算

在实际工程中，对于有些存在机器设备的场合需要控制组合板的颤动，为了避免机器设备与组合板产生共振现象，需要对组合板的自振频率进行控制和调整。建筑结构的不同功能对组合板的振动控制要求也是不相同的。组合板比较理想的自振频率应控制在 20 Hz 以上，当组合板的自振频率在 12 Hz 以下时，组合板很可能产生振动。因此，《高层民用建筑钢结构技术规程》（JGJ 99—2015）规定，组合板的自振频率应不得小于 15 Hz。

组合板的自振频率 $f_q$ 可按下式计算：

$$f_q = \frac{1}{k\sqrt{\omega}} \geq 15 \text{ Hz} \tag{2-27}$$

式中　$f_q$——组合板自振频率（Hz）；

　　　　$\omega$——仅考虑荷载效应标准组合下组合板的挠度（cm）；

　　　　$k$——组合板的支撑条件系数，两端简支的组合板 $k = 0.178$，一端简支、一端固定的组合板 $k = 0.177$，两端固定的组合板 $k = 0.175$。

# 2.5　压型钢板-混凝土组合板的构造要求

## 2.5.1　组合板的一般构造要求

（1）组合板用压型钢板基板的净厚度不应小于 0.75 mm，作为永久模板使用的压型钢板基板的净厚度不宜小于 0.5 mm；压型钢板浇筑混凝土面，开口型压型钢板凹槽重心轴处宽度（$b_{l,m}$）、缩口型和闭口型压型钢板槽口最小浇筑宽度不宜小于 50 mm。当槽内放置栓钉时，压型钢板总高 $h_s$（包括压痕）不宜大于 80 mm（见图 2-9）。

（2）组合板总厚度 $h$ 不应小于 90 mm，压型钢板肋顶部以上混凝土厚度 $h_c$ 不应小于 50 mm。

## 2.5.2　组合板配筋构造要求

（1）设计需要提高组合板正截面承载力时，可在板底沿顺肋方向配置附加的抗拉钢筋，钢筋保护层净厚度不应小于 15 mm。

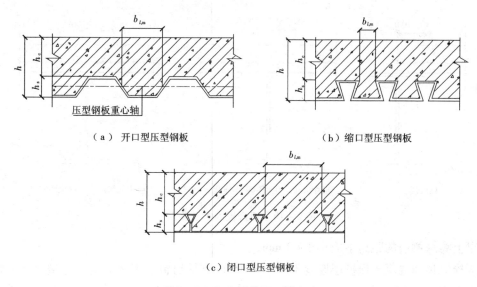

（a）开口型压型钢板　　　　　　　（b）缩口型压型钢板

（c）闭口型压型钢板

**图 2-9　组合板截面凹槽宽度**

（2）组合板在有较大集中（线）荷载作用部位应设置横向钢筋，其截面面积不应小于压型钢板肋以上混凝土截面面积的 0.2%，延伸宽度不应小于集中（线）荷载分布的有效宽度。钢筋的间距不宜大于 150 mm，直径不宜小于 6 mm。

（3）组合板支座处构造钢筋及板面温度钢筋配置应符合现行的国家标准《混凝土结构设计规范》（GB 50010—2010）的有关规定。

（4）组合板截面配筋可采用以下几种形式：

①组合板正弯矩区的压型钢板满足受弯承载力要求时，正弯矩区可不配置钢筋，可仅在负弯矩区配置受力钢筋及在楼板顶面配置温度抗裂钢筋；

②组合板正弯矩区的压型钢板不能满足受弯承载力要求或耐火极限计算不能满足要求时，可在正弯矩区配置受力钢筋；

③当组合板内承受较大拉应力时，可在压型钢板肋顶布置钢筋网片。

## 2.5.3　组合板端部构造要求

（1）组合板在钢梁上的支承长度不应小于 75 mm（括号内数字适合于组合板支承在混凝土梁上），在混凝土梁上的支承长度不应小于 100 mm（见图 2-10）。当钢梁按组合梁设计时，组合板在梁上的最小支承长度应符合现行国家标准《钢结构设计规范》（GB 50017—2003）的构造规定。

（2）组合板与梁之间应设有抗剪连接件。一般可采用栓钉连接，栓钉焊接应符合现行标准《栓钉焊接技术规程》（CECS 226：2007）的规定。

（3）栓钉的设置应符合以下规定：

①栓钉沿梁轴线方向间距不应小于栓钉杆径的 6 倍，不应大于楼板厚度的 4 倍，且不应大于 400 mm；

②栓钉中心至钢梁上翼缘侧边或预埋件边的距离不应小于 35 mm，至设有预埋件的混

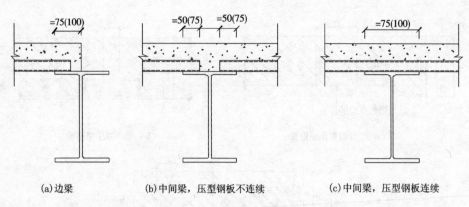

(a)边梁　　　(b)中间梁,压型钢板不连续　　　(c)中间梁,压型钢板连续

**图 2 - 10　组合板的支承要求**

凝土梁上翼缘侧边的距离不应小于 60 mm;

③栓钉顶面混凝土保护层厚度不应小于 15 mm,栓钉钉头下表面高出压型钢板底部钢筋顶面不应小于 30 mm;

④当栓钉位置不正对钢梁腹板时,在钢梁上翼缘受拉区,栓杆直径不应大于钢梁上翼缘厚度的 1.5 倍,在钢梁上翼缘非受拉区,栓杆直径不应大于钢梁上翼缘厚度的 2.5 倍,栓钉杆直径不应大于压型钢板凹槽宽度的 2/5,且不宜大于 19 mm;

⑤栓钉长度不应小于其杆径的 4 倍,焊后栓钉高度 $h_d$ 应大于压型钢板高度加上 30 mm,且应小于压型钢板高度加上 75 mm。

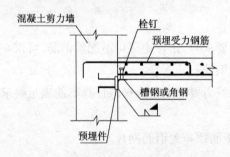

**图 2 - 11　组合板与剪力墙侧面连接构造**

(4)组合板支承于剪力墙侧面上,宜在剪力墙预留钢筋,并与组合板连接。剪力墙侧面预埋件不得采用膨胀螺栓固定,可采用图 2 - 11 的构造形式。剪力墙预留钢筋、预埋件的设置应符合现行国家标准《混凝土结构设计规范》(GB 50010—2010)的要求。图中槽钢或角钢尺寸及与预埋件的焊接应按现行国家标准《钢结构设计规范》(GB 50017—2003)确定,槽钢或角钢不应小于[ 80 或∟ 70 × 5,焊缝高度不小于 5 mm。

(5)当组合板在与柱相交处被切断,且梁上翼缘外侧至柱外侧距离大于 75 mm 时,应采取加强措施。可采取在柱上或梁上翼缘焊支托方式(图 2 - 12)进行处理。当柱为开口截面(如 H 形截面)时,可在梁上翼缘柱截面开口处设水平加劲肋。

**【例 2 - 1】**　一简支组合板截面尺寸如图 2 - 13 所示,板的跨度为 2 m。压型钢板采用 Q235 钢($f = 205$ N/mm$^2$,$E = 2.06 \times 10^5$ N/mm$^2$),混凝土强度等级为 C30($f_c = 14.3$ N/mm$^2$,$f_t = 1.43$ N/mm$^2$,$E_c = 2.80 \times 10^4$ N/mm$^2$)。压型钢板板厚 1 mm,压型钢板上混凝土板的厚度 $h_c = 70$ mm。施工阶段可变荷载标准值为 1 kN/m$^2$,使用阶段在混凝土板上设置 30 mm 厚水泥砂浆面层,可变荷载标准值为 2 kN/m$^2$。每平方米压型板重 11.98 kg/m$^2$,有效截面抵抗矩 $W = 24.75 \times 10^3$ mm$^3$/m,惯性矩 $I = 65.26 \times 10^4$ mm$^4$/m。试验算该组合板。

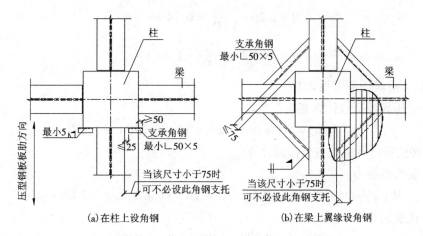

（a）在柱上设角钢　　　　　　　　（b）在梁上翼缘设角钢

**图 2 – 12　柱与梁交接处压型钢板支托构造**

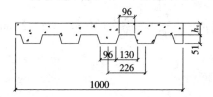

**图 2 – 13　例 2 – 1 图**

## 【解】

（1）荷载及内力计算

（Ⅰ）施工阶段

恒载　　　$g_k = 25 \times (0.07 + 0.051/2) + 11.98 \times 9.8 \times 10^{-3} = 2.50 \text{ kN/m}^2$

$$g_1 = 1.2 \times 2.50 = 3 \text{ kN/m}^2$$

活载　　　　　　　　　　$q_k = 1 \text{ kN/m}^2$

$$q_1 = 1.4 \times 1 = 1.4 \text{ kN/m}^2$$

弯矩　　　$M_1 = \dfrac{1}{8}(g_1 + q_1)l^2 = \dfrac{1}{8}(3 + 1.4) \times 2^2 = 2.2 \text{ kN} \cdot \text{m/m}$

剪力　　　$V_1 = \dfrac{1}{2}(g_1 + q_1)l = \dfrac{1}{2}(3 + 1.4) \times 2 = 4.4 \text{ kN/m}$

（Ⅱ）使用阶段

恒载　　　$g_k = 25 \times (0.07 + 0.051/2) + 11.98 \times 9.8 \times 10^{-3} + 20 \times 0.03 = 3.10 \text{ kN/m}^2$

$$g_2 = 1.2 \times 3.10 = 3.72 \text{ kN/m}^2$$

活载　　　　　　　　　　$q_k = 2 \text{ kN/m}^2$

$$q_2 = 1.4 \times 2 = 2.8 \text{ kN/m}^2$$

弯矩　　　$M_2 = \dfrac{1}{8}(g_2 + q_2)l^2 = \dfrac{1}{8}(3.72 + 2.8) \times 2^2 = 3.26 \text{ kN} \cdot \text{m/m}$

剪力　　　$V_2 = \dfrac{1}{2}(g_2 + q_2)l = \dfrac{1}{2}(3.72 + 2.8) \times 2 = 6.52 \text{ kN/m}$

取一个波距 $b = 226 \text{ mm}$ 进行计算，则

$$M = 3.26 \times \frac{226}{1\,000} = 0.74 \text{ kN} \cdot \text{m}$$

$$V = 6.52 \times \frac{226}{1\,000} = 1.47 \text{ kN}$$

（2）施工阶段压型钢板计算

（Ⅰ）受压翼缘有效计算宽度

$$b_{\text{ef}} = 50t = 50 \times 1 \text{ mm} = 50 \text{ mm} < 96 \text{ mm}$$

故承载力和变形计算应按有效截面计算。

（Ⅱ）受弯承载力

$$M = Wf = 24.75 \times 10^3 \times 205 = 5.074 \text{ kN} \cdot \text{m/m} > M_1 = 2.2 \text{ kN} \cdot \text{m/m}$$

（Ⅲ）挠度验算

$$\omega = \frac{5}{384} \frac{ql^4}{EI} = \frac{5}{384} \frac{(2\,500 + 1\,000) \times 2 \times 2\,000^3}{2.06 \times 10^5 \times 65.26 \times 10^4} = 5.42 \text{ mm}$$

$$[\omega] = \frac{l}{200} = \frac{2\,000}{200} = 10 \text{ mm} > 5.42 \text{ mm}$$

故施工阶段的挠度符合要求。

（3）使用阶段组合板计算

（Ⅰ）受弯承载力

一个波距上压型钢板的面积为

$$A_{\text{p}} = \left[ 96 + 96 + 2 \times \sqrt{51^2 + \left(\frac{130 - 96}{2}\right)^2} \right] \times 1 = 299.5 \text{ mm}^2$$

有

$$A_{\text{p}}f = 299.5 \times 205 = 61.4 \times 10^3 \text{ N} < f_{\text{c}}bh_{\text{c}} = 14.3 \times 226 \times 70 = 226.2 \times 10^3 \text{ N}$$

故塑性中和轴在混凝土翼缘板内,这时压型钢板全截面有效。由公式得

$$x = \frac{fA_{\text{p}}}{f_{\text{c}}b} = \frac{205 \times 299.5}{14.3 \times 226} = 19.0 \text{ mm}$$

压型钢板的形心轴距混凝土板上翼缘的距离为

$$h_0 = 70 + \frac{51}{2} = 95.5 \text{ mm}$$

$$x = 19.0 \text{ mm} < 0.55h_0 = 52.5 \text{ mm}$$

于是

$$M_{\text{u}} = fA_{\text{p}}\left(h_0 - \frac{x}{2}\right) = 205 \times 299.5 \times \left(95.5 - \frac{19.0}{2}\right) = 5.28 \times 10^6 \text{ N} \cdot \text{mm} > M = 0.74 \text{ kN} \cdot \text{m}$$

正截面承载力满足要求。

（Ⅱ）斜截面受剪承载力

$$V_{\text{u}} = 0.7f_{\text{t}}bh_0 = 0.7 \times 1.43 \times 226 \times 95.5 = 21.6 \times 10^3 \text{ N} > V = 1.47 \text{ kN}$$

斜截面受剪承载力满足要求。

（Ⅲ）挠度验算

$$\alpha_E = \frac{2.06 \times 10^5}{2.80 \times 10^4} = 7.36$$

$$A_p = 299.5 \text{ mm}^2$$

$$b' = \frac{96 + 130}{2} = 113 \text{ mm}$$

代入公式得

$$x_n = \frac{\frac{226 \times 70^2}{2} + 51 \times 113 \times (70 + 51) + 7.36 \times 299.5 \times 95.5}{226 \times 70 + 51 \times 113 + 7.36 \times 299.5} = 55.0 \text{ mm}$$

$$I_s = 65.26 \times 10^4 \times \frac{226}{1\,000} = 1.47 \times 10^5 \text{ mm}^4$$

换算截面惯性矩为

$$I_0 = \frac{226 \times 70^3}{12 \times 7.36} + \frac{226 \times 70}{7.36} \times \left(55 - \frac{70}{2}\right)^2 + \frac{113 \times 51^3}{12 \times 7.36} + \frac{113 \times 51}{7.36} \times \left(70 + \frac{51}{2} - 55\right)^2$$
$$+ 1.47 \times 10^5 + 299.5 \times (95.5 - 55)^2 = 3.83 \times 10^6 \text{ mm}^4$$

考虑荷载长期影响时换算截面中和轴到受压区边缘的距离为

$$x'_n = \frac{\frac{226 \times 70^2}{2} + 51 \times 113 \times (70 + 51) + 2 \times 7.36 \times 299.5 \times 95.5}{226 \times 70 + 51 \times 113 + 2 \times 7.36 \times 299.5} = 64.3 \text{ mm}$$

则换算截面惯性矩为

$$I'_0 = \frac{226 \times 70^3}{12 \times 2 \times 7.36} + \frac{226 \times 70}{2 \times 7.36} \times \left(64.3 - \frac{70}{2}\right)^2 + \frac{113 \times 51^3}{12 \times 2 \times 7.36} + \frac{113 \times 51}{2 \times 7.36} \times \left(70 + \frac{51}{2} - 64.3\right)^2$$
$$+ 1.47 \times 10^5 + 299.5 \times (95.5 - 64.3)^2 = 2.26 \times 10^6 \text{ mm}^4$$

组合板的挠度为

$$\omega = \frac{5q_k l^4}{384 E_c I_0} + \frac{5q_k l^4}{384 E_c I'_0}$$

$$= \frac{5 \times 3.1 \times 0.226 \times 2\,000^4}{384 \times 2.8 \times 10^4 \times 3.83 \times 10^6} + \frac{5 \times 2 \times 0.226 \times 2\,000^4}{384 \times 2.8 \times 10^4 \times 2.26 \times 10^6}$$

$$= 2.85 \text{ mm}$$

$$[\omega] = \frac{2\,000}{360} = 5.56 \text{ mm} > 2.85 \text{ mm}$$

故使用阶段的挠度符合要求。

# 第3章　钢－混凝土组合梁设计

## 3.1　概述

在钢梁上支放混凝土楼板(钢筋混凝土板或压型钢板与混凝土组合板),且在两者之间设置一些抗剪连接件,以阻止混凝土与钢梁在受弯时的相互错动,使之组合成一个整体,这种组合构件称为钢与混凝土组合梁(以下简称为组合梁)。

### 3.1.1　组合梁的基本介绍

1. 组合梁的组成

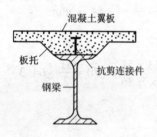

图 3-1　组合梁的组成

一般,组合梁由钢筋混凝土翼板、钢梁、板托和抗剪连接件四个部分组成,如图 3-1 所示。

1)钢筋混凝土翼板

钢筋混凝土翼板作为组合梁的受压翼缘,可保证钢梁的侧向整体稳定,一般可采用现浇或压型钢板组合的钢筋混凝土板,也可采用预制的钢筋混凝土板。

当采用现浇板时,混凝土强度等级不应低于 C20;当采用预制板时,混凝土强度等级不宜低于 C30。板中配置的钢筋可采用 HPB 或 HRB 级钢筋。

2)钢梁

钢梁在组合梁中主要承受拉力和剪力,钢梁的上翼缘可以支撑混凝土翼板并用来固定抗剪件。组合梁在受弯状态下,钢梁的上翼缘的作用远不及下翼缘,故钢梁宜设计成上翼缘截面小于下翼缘截面的不对称截面。同时,在混凝土板施工过程中,钢梁可用作支撑结构。

组合梁中钢梁的材质宜选用 Q235 或 Q345 钢材,当钢梁的翼缘与腹板的厚度不同时,可偏安全地取较厚板件的强度设计值。

3)板托

组合梁中的板托一般可设置或不设置,应根据工程的具体情况确定。设置板托虽给施工支模带来一定的困难,但可增加梁高、节约钢材,并可加大混凝土翼板的支撑面。在组合梁设计中宜优先采用带有混凝土板托的组合梁,但在组合梁截面计算中,一般可不考虑板托的作用。

4)抗剪连接件

抗剪连接件是钢筋混凝土翼板与钢梁组合成整体而共同工作的重要保障。抗剪连接件按其变形能力可分为刚性抗剪连接件和柔性抗剪连接件两大类。

抗剪连接件将在 3.3 节中详细介绍。

2. 组合梁的特点

组合梁的截面高度较小、自重轻、刚度大、延性好。与钢梁或混凝土梁相比较,组合梁具有以下特点。

1)组合梁与钢梁比较

组合梁与钢梁比较如下:

(1)可以使钢梁的高度降低 1/4 ~ 1/3,刚度增大 1/4 ~ 1/3;

(2)处于受压区的混凝土板刚度较大,对提高钢梁的整体稳定和局部稳定有着明显的作用,使钢梁用于防止失稳方面的材料大大节省;

(3)可利用钢梁上组合楼板混凝土的受压作用,增加梁截面的有效高度,提高梁的抗弯承载力和抗弯刚度,从而节省钢材和降低造价;

(4)组合梁的耐久性提高,动力性能有所改善。

2)组合梁与混凝土梁比较

组合梁与混凝土梁比较如下:

(1)可以使混凝土梁的高度降低 1/4 ~ 1/3,自重减轻 40% ~ 60%;

(2)组合梁的强度提高,在组合梁的正弯矩区,混凝土受压,钢梁受拉,两种不同的材料都能充分发挥各自的长处,且受力合理,节约材料;

(3)可减少施工支模工序和模板用量,减少预埋件,降低层高,方便施工,且便于安装管线;

(4)可缩短施工周期,同时现场湿作业量减小,施工扰民程度降低,保护环境。

## 3.1.2　组合梁截面的受弯性能

1. 组合梁的挠曲特征

组合梁在弯矩作用下,其截面的弯矩(荷载)－挠度(应变)曲线如图 3 - 2 所示。根据图 3 - 2 所示,可将组合梁从施加荷载到破坏的全过程分为三个阶段。

(1)弹性工作阶段,从加载至极限荷载的 75%(A 点)左右时,组合梁的弯矩与应变之间近似呈线性关系,该阶段试验梁整体工作性能良好。

(2)弹塑性工作阶段,当弯矩超过极限

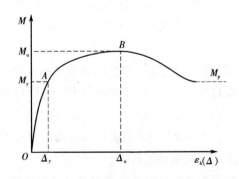

图 3 - 2　钢－混凝土组合梁弯矩－挠度曲线(典型)

弯矩的 75%(A 点)以后,钢梁开始屈服,钢梁受拉区逐渐进入屈服阶段。随后组合梁刚度降低,应变发展速率高于弯矩发展速率。同时,由于截面内力的重分布,弯矩－应变之间呈明显的非线性关系。

(3)下降段,达到极限弯矩(B 点)后,曲线开始平缓地下降,下降速度与横向配筋率及抗剪连接程度成反比,而应变仍有较大发展,表明组合梁具有很好的延性。

图 3 – 3 中列出了几根组合梁的实测弯矩－应变曲线,可以看出随着横向配筋率的减小,极限弯矩依次降低,对应极限弯矩的应变也大大减小;随着抗剪连接程度的降低,极限弯矩也随之减小。从实测弯矩－应变曲线还可以看出,虽然各试件抗剪连接程度不同,但其塑性系数 $\rho = M_{ut}/M_{yt}$ 基本都在 1.35 以上,可见组合梁具有很高的强度储备。

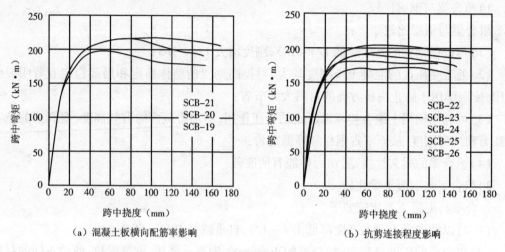

(a) 混凝土板横向配筋率影响　　　　　　　(b) 抗剪连接程度影响

**图 3 – 3　钢－混凝土组合梁弯矩－应变曲线(实测)**

2. 组合梁的受力特征

根据图 3 – 3 所示的组合梁弯矩－应变曲线以及组合梁在试验过程中的破坏现象,可得出组合梁的受弯过程具有如下受力特征。

(1)组合梁在受力过程中,若抗剪连接件的数量足够多,钢梁和上部的混凝土翼板能较好地共同工作。在达到极限承载力之前,混凝土翼板出现弯曲裂缝,下部钢梁开始屈服或部分屈服,最终组合梁的截面破坏以上部混凝土翼板顶面压碎、截面承载力下降为标志。

(2)组合梁截面整体受力性能良好,截面破坏之前发生的变形很大,截面发生延性破坏。

(3)组合梁截面从弹性屈服到破坏极限,其承载能力和发生的变形都经历了一个较长的发展过程,这一点与钢筋混凝土的受力过程(一旦钢筋屈服就基本上达到了其极限承载能力)存在较大的区别,可见组合梁具有良好的延性。

(4)组合梁的受力过程以及混凝土翼板的弯曲裂缝开展形态受到组合梁中抗剪连接件的程度和横向钢筋的影响。

3. 抗剪连接件对组合梁抗弯性能的影响

钢－混凝土组合梁的工作原理可用图 3 – 4 所示的模型加以简单说明。两根相同的匀质材料的梁,截面为矩形,作用有均布荷载 $q$。每根梁均为宽 $b$、高 $h$,跨度为 $L$,如图 3 – 4(a) 所示。当两根梁之间为光滑的交界面,只能传递相互之间的压力而不能传递剪力时,在荷载作用下的变形情况如图 3 – 4(b) 所示。由于每根梁的变形情况相同,均只承担 1/2 的荷载作用,则跨中截面的最大正应力

$$\sigma = \frac{M_y}{I} = \frac{qL^2}{16} \frac{12}{bh^3} \frac{h}{2} = \frac{3qL^2}{8bh^2} \qquad (3-1)$$

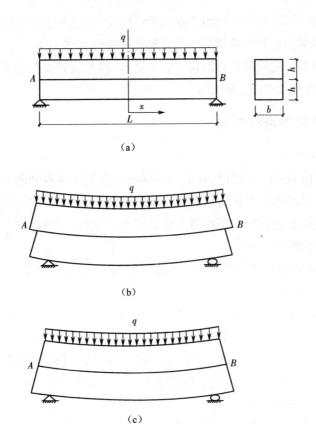

图 3 - 4　钢 - 混凝土组合梁的工作原理

跨中挠度为

$$\delta = \frac{5(q/2)L^4}{384EI} = \frac{5}{384}\frac{q}{2}\frac{12L^4}{Ebh^3} = \frac{5qL^4}{64Ebh^3} \tag{3-2}$$

当两根梁之间完全黏结在一起没有任何滑移时,可以作为一根整体受力的梁来进行考虑,如图 3 - 4(c)所示,则跨中截面的最大正应力为

$$\sigma = \frac{M_\gamma}{I} = \frac{qL^2}{8}\frac{3}{bh^3}\frac{h}{2} = \frac{3qL^2}{16bh^2} \tag{3-3}$$

跨中挠度为

$$\delta = \frac{5(q/2)L^4}{384EI} = \frac{5}{384}\frac{q}{8}\frac{12L^4}{Ebh^3} = \frac{5qL^4}{256Ebh^3} \tag{3-4}$$

比较以上各式可知,当将两根相同材料和截面尺寸的矩形梁结合在一起,可以使截面最大应力和挠度降低为原来的 1/2 和 1/4。因此,通过将两根梁组合在一起,能够在不增加材料用量和截面高度的情况下,使结构的承载力和刚度均显著增加。

对于实际使用的楼盖结构和桥面结构,通常由钢筋混凝土板与 T 形或箱形钢梁组成。当钢梁与混凝土翼板之间无抗剪连接构造措施时,组合梁截面的刚度等于钢梁的刚度和混凝土翼板刚度的简单叠加。由于混凝土的抗拉强度很低,并且截面高度相对很小,所以其抗弯刚度可以忽略不计,整个截面的刚度近似等于钢梁的刚度。如果通过抗剪连接件将钢梁和混凝土翼板连成整体共同受力,则组合梁截面整体受弯,其抗弯刚度比钢梁一般要提高1倍以上,同时抗弯承载力也有显著提高。抗剪连接件能够传递钢梁与混凝土翼板交界面的剪力,抵抗钢梁与混凝土之间的相对滑移和防止掀起,以保证钢梁与混凝土翼板整体受力,是保证组合梁组合作用发挥的关键部件。

### 3.1.3　组合梁截面的滑移效应

1. 组合梁的滑移特征

在荷载作用的初始阶段,栓钉和黏结力共同抵抗混凝土翼板和刚接交界面上的剪力。当交界面上的剪应力达到极限黏结强度时,自然黏结发生破坏,并伴随着自然黏结破坏响声,自然黏结破坏荷载随着栓钉间距的增大略有减小,表明在自然黏结力破坏之前,栓钉连接件所起的抗剪作用较小。

当作用于组合梁的荷载增大到一定大小时,在混凝土翼板与钢梁的接触面上将产生相对滑移,一般具有以下特征。

(1)组合梁的滑移仅仅出现在混凝土翼板与钢梁接触面上的自然黏结破坏之后。在荷载作用初始阶段,组合梁主要是依靠抗剪连接件以及混凝土翼板与钢梁之间的黏结力来抵抗接触面上的纵向水平剪力的,抗剪连接件的贡献作用较小。随着荷载的增大,接触面上的剪应力也逐步增大。当剪应力达到钢梁与混凝土翼板之间的黏结强度时,自然黏结发生破坏,此时组合梁即将出现相对滑移。

(2)组合梁的滑移是由抗剪连接件自身变形及其周围混凝土的压缩变形共同导致的。当组合梁的自然黏结被破坏之后,随着荷载的增加,在混凝土翼板与钢梁的接触面上的纵向水平剪力将由抗剪连接件来承担。对于柔性抗剪连接件,一方面在水平荷载作用下,将产生较大的剪切变形;另一方面抗剪连接件对其周边混凝土存在较大的集中应力作用,导致混凝土产生压缩变形。这两项变形迫使组合梁的混凝土翼板与钢梁之间产生滑移,且随着荷载的增加而增大。

(3)组合梁的抗剪连接程度对其滑移沿梁长度方向的分布有较大的影响。当组合梁处于弹性阶段,抗剪连接程度对滑移的分布基本没有影响。一旦组合梁下部钢梁进入屈服阶段,抗剪连接程度对滑移的分布就有较大的影响。随着抗剪连接程度的降低,组合梁塑性区以外的抗剪连接件数量较少,不能有效阻止滑移的发展,在抗剪连接件之间产生了内力重分布,组合梁的滑移沿梁长度方向的分布也随之趋向于均匀。

(4)组合梁的滑移一般首先出现在梁的端部,随着荷载的增加逐步向跨中发展延伸,且最大滑移出现在距梁支座一段距离的位置处。从理论角度来说,组合梁的最大滑移位置应位于梁的端部,但由于抗剪连接件的布置与组合梁的截面不协调,相对滑移往往发生在钢梁的半跨内,且支座处的反力使此处混凝土翼板与钢梁接触面上局部压应力增大,摩擦力增强了对滑移的抵抗。上述原因导致组合梁的最大滑移不发生在梁端处,而是处于距梁端一定距离的位置处。

2. 滑移效应对组合梁性能的影响

图3-5为滑移产生的示意图,抗剪连接件在传递剪力时会产生变形,根部混凝土在较

高的压力下会产生变形,同时钢梁与混凝土之间会产生相对滑移。滑移的存在使得钢梁与混凝土的变形增大,应力也随之增大,从而使得组合梁的弹性受弯承载力要小于不考虑滑移效应时的计算值。另一方面,滑移也具有有利作用。如果没有滑移,组合梁的钢梁与混凝土板之间的剪力将与界面的纵向剪力成正比,即钢梁交界面剪力很大而跨中很小。由于滑移作用存在,交界面剪力发生重分布,设计抗剪连接件时就可以分段均匀布置,有利于设计和施工。

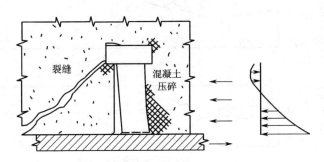

图 3 – 5　滑移的产生及栓钉应力分布示意图

## 3.1.4　组合梁的破坏形式

根据组合梁抗剪连接程度以及混凝土翼板中横向配筋率的不同,组合梁在弯矩作用下可能发生四种不同的破坏形式:弯曲破坏、弯剪破坏、纵向剪切破坏以及纵向劈裂破坏。通常情况下,这四种破坏均是由组合梁中混凝土翼板的不同破坏形式引起的。

### 1. 弯曲破坏

当组合梁的抗剪连接程度较强,且混凝土翼板中的横向配筋率较大时,随着外荷载的增加,钢梁的跨中截面下部受拉区首先屈服,然后混凝土翼板在跨中区域被压碎,且出现较多的横向裂缝,而在间跨区仅出现细小的劈裂破坏,裂缝分布如图 3 – 6(a)所示。这种仅有弯曲的破坏形式称为组合梁的弯曲破坏。

### 2. 弯剪破坏

当组合梁的抗剪连接程度一般且混凝土翼板中的横向配筋率不太大时,随着外荷载的增大,钢梁的跨中截面下部受拉区首先屈服,然后混凝土翼板在跨中区域被压碎,出现较多的横向裂缝,同时由于抗剪连接件对剪跨区的混凝土剪切作用,间跨区的混凝土上表面出现纵向的剪切裂缝,裂缝分布如图 3 – 6(b)所示。这种既有弯曲又有剪切的破坏形式称为组合梁的弯剪破坏。

### 3. 纵向剪切破坏

当组合梁的抗剪连接程度较小且混凝土翼板中的横向配筋率不足时,随着外荷载的增大,钢梁的跨中截面下部受拉区首先屈服,然后由于抗剪连接件对剪跨区的混凝土纵向剪切作用,剪跨区的混凝土上表面出现大量纵向的剪切裂缝,且几乎贯通,最终使跨中混凝土翼板压碎破坏,裂缝分布如图 3 – 6(c)所示。这种主要为剪切的破坏形式称为组合梁的纵向剪切破坏。

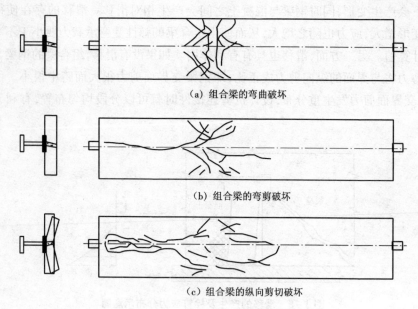

（a）组合梁的弯曲破坏

（b）组合梁的弯剪破坏

（c）组合梁的纵向剪切破坏

图 3 - 6　组合梁不同破坏形式

4. 纵向劈裂破坏

当组合梁混凝土翼板中的横向配筋率非常小时,在外荷载作用下,组合梁中的抗剪连接件将对其周围的混凝土翼板产生较大的集中力作用,且沿着板厚及板长的分布很不均匀。混凝土翼板在抗剪连接件附近区域存在很大的不均匀压应力,随着离抗剪连接件距离的增加,压应力逐渐变得均匀。但由于集中力的作用,混凝土翼板沿着与集中力垂直的方向产生横向应力,且在抗剪连接件附近处为压应力,而离抗剪连接件一定距离后则变成拉应力。此拉应力的作用范围和最大拉应力数值均较大,使混凝土翼板沿纵向产生劈裂趋势,最终导致破坏,称为组合梁的劈裂破坏。

## 3.2　组合梁截面的承载力计算

### 3.2.1　按弹性理论计算

1. 概述

组合梁的正常使用极限状态分析均按弹性方法进行。对于直接承受动力荷载的组合梁,需要用弹性分析方法来计算其强度,包括弯曲应力、剪切应力及折算应力的验算。

组合梁截面指钢梁和有效宽度范围内混凝土翼板组成的截面,且正应力在混凝土翼板有效宽度范围内沿横向均匀分布,分析时只考虑正弯矩作用下的情况。

在组合梁截面的弹性分析中,通常采用如下假设:

（1）钢和混凝土材料均为理想的线弹性体;

（2）钢梁与混凝土翼板之间连接可靠,滑移可以忽略不计,符合平截面假定;

（3）有效宽度范围内的混凝土翼板按实际面积计算,不扣除其中受拉开裂的部分,板托

面积忽略不计,对于压型钢板组合梁,压型钢板肋内的混凝土面积也忽略不计;

(4)翼板内的钢筋忽略不计。

在组合梁的弹性受力阶段,钢梁中的应力小于屈服强度,混凝土翼板中压应力通常小于极限强度的一半。此时钢材与混凝土均简化为理想弹性体计算,具有足够的精度。当钢梁与混凝土翼板之间为完全抗剪连接时,弹性阶段内钢梁与混凝土翼板之间的滑移较小,对截面应力的影响通常可以忽略,截面应符合平截面假定。对于假设(3),组合梁在正弯矩作用下,弹性阶段内混凝土翼板基本处于受压状态,即使有部分混凝土受拉力,受拉区也在中和轴附近,拉应力很小,一般不会开裂;即使这部分混凝土开裂,对整个界面刚度影响也很小。托板及压型钢板板肋内的混凝土面积基于同样原因可以忽略不计。对于假设(4),因为弹性阶段混凝土翼板应变较小,钢筋发挥的作用很小,钢筋对截面应力分析的影响很小,可以忽略不计。

2. 正应力分析

1)组合梁的换算截面

钢 – 混凝土组合梁的弹性计算方法以材料力学为基础,但材料力学是针对单质连续弹性体的。因此,对于由钢和混凝土两种材料组成的组合梁截面,首先应把它换算成同一种材料的截面。

设有一混凝土单元,面积为 $A_c$,弹性模量为 $E_c$,在应力为 $\sigma_c$ 时应变为 $\varepsilon_c$,根据合力不变及应变相同条件,把混凝土单元换算成弹性模量为 $E_s$、应力为 $\sigma_s$ 且与钢等价的截面面积 $A_s$。

由合力大小不变条件,得

$$A_c \sigma_c = A_s \sigma_s \tag{3-5a}$$

则

$$A_s = \frac{\sigma_c}{\sigma_s} A_c \tag{3-5b}$$

或

$$\sigma_c = \frac{A_s}{A_c} \sigma_s \tag{3-5c}$$

由应变协同条件,得

$$\frac{\sigma_c}{E_c} = \frac{\sigma_s}{E_s} \tag{3-5d}$$

或

$$\frac{\sigma_c}{\sigma_s} = \frac{E_c}{E_s} = \frac{1}{\alpha_E} \tag{3-5e}$$

式中　$\alpha_E$——钢材弹性模量 $E_s$ 与混凝土弹性模量 $E_c$ 的比值。

由式(3-5e)可得

$$\sigma_c = \frac{\sigma_s}{\alpha_E} \tag{3-5f}$$

将式(3-5e)带入式(3-5b),则有

$$A_s = \frac{A_c}{\alpha_E} \tag{3-5g}$$

根据式(3-5f),把根据换算截面法求得的钢材应力 $\sigma_s$ 除以 $\alpha_E$ 即可得到混凝土的应力 $\sigma_c$;根据式(3-5g),由于应变相同且内力不变的条件,将混凝土单元的面积 $A_c$ 除以 $\alpha_E$ 后即可将混凝土截面换算成与之等价的钢截面面积。

为了保持组合截面形心高度即合力位置在换算前后不变,即保证截面对于主轴的惯性矩不变,换算时应固定混凝土翼板厚度且仅改变其宽度。根据以上换算关系,即可按照图3-7将组合梁换算为与之等价的换算截面。

$$b_{eq} = \frac{b_e}{\alpha_E} \tag{3-6a}$$

式中 $b_e$——原截面混凝土翼板的有效宽度;

$b_{eq}$——混凝土翼板的换算宽度。

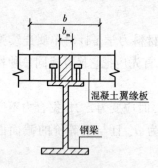

**图 3-7 钢-混凝土组合梁换算截面**

将组合梁截面换算成等价的钢截面以后,即可根据材料力学方法计算截面的中和轴位置、面积矩和惯性矩等几何特征用于截面应力和刚度分析。组合梁截面形状比较复杂,一般可以将换算截面划分为若干单元,用求和办法计算截面几何特征。如果按照混凝土受拉即开裂的理论,托板截面中如存在受压区应予以计入,翼板截面中如存在受拉区则应予以扣除。但由于上述部分位于中和轴附近,为简化计算过程,将托板全部忽略而翼板全部计入,由此引起的误差一般很小。

换算截面的惯性矩按下式计算:

$$I = I_0 + A_0 d_c^2 \tag{3-6b}$$

$$I_0 = I_s + \frac{I_c}{\alpha_E}, \quad A_0 = \frac{A_s A_c}{\alpha_E A_s + A_c}$$

式中 $I_s, I_c$——钢梁和混凝土翼板的惯性矩;

$d_c$——钢梁形心到混凝土翼板形心的距离。

换算截面的形心位置为

$$\bar{y} = \frac{A_s \bar{y}_s + A_c \bar{y}_c / \alpha_E}{A_s + A_c / \alpha_E} \tag{3-6c}$$

式中 $\bar{y}_s, \bar{y}_c$——钢梁和混凝土翼板形心到钢梁底面的距离,符号如图3-8所示。

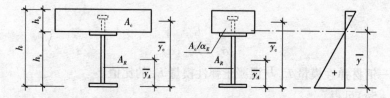

**图 3-8 钢梁和混凝土翼板形心到钢梁底面距离计算示意图**

实际计算时,对荷载标准组合和准永久组合,弹性模量比 $\alpha_E$ 的取值不同。在准永久组合中,考虑荷载长期效应混凝土会发生徐变变形,混凝土中的应变由弹性应变 $\varepsilon_e$ 和徐变 $\varepsilon_c$ 两部分组成。混凝土的徐变大部分在前 1~2 年内完成,当混凝土龄期趋于无穷大时,取极限徐变系数 $\varphi_u = \varepsilon_c / \varepsilon_e = 1.36$,则混凝土割线弹性模量

$$E'_c = \frac{\sigma_e}{\varepsilon_e + \varepsilon_c} = \frac{\sigma_e}{\varepsilon_e + 1.36\varepsilon_e} = \frac{\sigma_e}{2.36\varepsilon_e} = \frac{1}{2.36}E_c \qquad (3-7)$$

考虑到钢筋混凝土翼板中可以阻止混凝土徐变的发展,一般近似认为徐变系数为 1,所以取 $E'_c = 0.5E_c$;在桥梁设计规范中,考虑重力荷载影响,取 $E'_c = 0.4E_c$。

上述对混凝土翼板截面宽度进行换算的方法比较简单。所得换算截面的内力和应变条件以及截面形心高度等,都保持与原混凝土截面相同。求得换算截面后,即可按照纯钢梁弹性受弯的一般材料力学公式计算截面应力和刚度。

2)不考虑滑移效应的组合梁截面应力计算

按照假设,不考虑钢梁与混凝土界面之间的滑移,可以按照换算截面法计算组合梁截面的法向应力。组合梁截面的应力分布如图 3-9 所示。

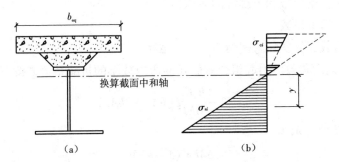

图 3-9　组合梁截面正应力图

对于钢梁部分

$$\sigma_s = \frac{My}{I} \qquad (3-8a)$$

对于混凝土部分

$$\sigma_c = \frac{My}{\alpha_E I} \qquad (3-8b)$$

式中　$M$——截面弯矩设计值;

　　　$I$——换算截面惯性矩;

　　　$y$——截面上某点对换算截面形心轴的坐标,向下为正;

　　　$\sigma_c,\sigma_s$——混凝土板和钢梁的应力,均以受拉为正。

3)考虑滑移效应的组合梁截面应力计算

如假设(2)中所述,弹性计算中通常忽略钢与混凝土交界面上的滑移。但实际上由于滑移效应的存在,导致截面实际弹性抗弯承载力小于按照换算截面法得到的弹性抗弯承载力,即在相同的弯矩作用下,考虑滑移效应之后截面的法向应力会大于按换算截面法得到的计算结果。

因此需将假设(2)改为假设钢梁与混凝土翼板交界面上存在相对滑移,但二者的曲率

相同,滑移应变引起的附加应力按线形分布。

其他 3 条假设仍然采用。根据假设得到的计算模型如图 3 - 10 所示。

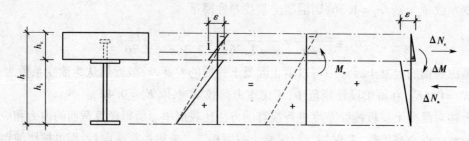

**图 3 - 10　$\Delta M$ 计算模型**

由于滑移应变 $\sigma_s$ 的存在,截面上存在附加弯矩 $\Delta M$,根据图 3 - 10 所示的计算模型有

$$\Delta M = \frac{h_s E_s}{6EI} M\xi(hA_w + 2h_c A_{ft}) \tag{3-9}$$

式中　$A_w$,$A_{ft}$——钢梁腹板和上翼缘的面积;

　　　$\xi$——刚度折减系数。

因此,组合梁截面的实际弯矩为 $M_p = M - \Delta M$。

设 $M_p = \xi M$,则滑移效应引起组合截面弹性弯矩减小的折减系数 $\xi$ 按下式计算。

$$\xi = 1 - \frac{h_s E_s}{6EI}\zeta(hA_w + 2hA_{ft}) \tag{3-10}$$

$\Delta M$ 可以简单地表示为

$$\Delta M = (1 - \xi)M$$

交界面无相对滑移,即连接件的刚度 $K \to \infty$ 时,$\xi = 0$,此时 $M_p = M$。弹性极限状态即对应钢梁开始屈服时的抗弯承载力 $M_{py} = \xi M_y$,其中 $M_y$ 为按换算截面法得到的对应钢梁开始屈服时的弯矩。

截面的法向应力可以表示为

$$\sigma = \frac{M - \Delta M}{W} = \frac{\xi M}{W} \tag{3-11}$$

式中　$\sigma$——截面上某一点的应力;

　　　$W$——按换算截面法得到的相应截面抗矩。

3. 剪应力分析

根据基本假设,剪应力分析可以根据换算截面法按照材料力学公式进行。

对于钢材,剪应力为

$$\tau_s = \frac{VS}{It} \tag{3-12}$$

对于混凝土,剪应力为

$$\tau_c = \frac{VS}{\alpha_E It} \tag{3-13}$$

式中　$V$——竖向剪力设计值;

　　　$S$——剪应力计算点以上的换算截面对总换算截面中和轴的面积矩;

　　$t$——换算截面的腹板厚度,在混凝土区等于该处的混凝土换算宽度,在钢梁区等于
　　　　钢梁腹板厚度;

　　$I$——换算截面惯性矩。

　　关于剪应力的计算点,一般会按照以下规则采用。

　　当换算截面中和轴位于钢梁腹板内时(图 3 – 11),钢梁的剪应力计算点取换算截面中
和轴处(即图 3 – 11 中(1)点)。如无板托,混凝土翼板的剪应力计算点取混凝土与钢梁上
翼缘连接处(即图 3 – 11(a)中(2)点);如有板托,计算点上移板托高度(即图 3 – 11(b)中
(2)点)。

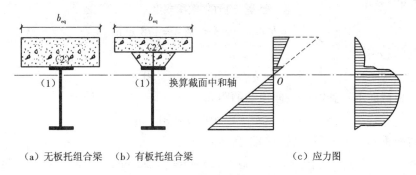

　　(a) 无板托组合梁　(b) 有板托组合梁　　　　　　(c) 应力图

**图 3 – 11　中和轴位于钢梁内的组合梁**

　　当换算截面中和轴位于钢梁以上时,钢梁的剪应力计算点取钢梁腹板上边缘处(即图
3 – 12 中 3 点),混凝土翼板的剪应力计算点取换算截面中和轴处(即图 3 – 12 中 4 点)。

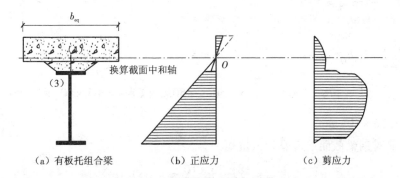

　　(a) 有板托组合梁　　　　(b) 正应力　　　　　(c) 剪应力

**图 3 – 12　中和轴位于钢梁上的组合梁**

　　在分两阶段进行弹性计算时,如各阶段剪应力计算点位置不同,则以产生剪应力较大阶
段的计算点作为两阶段共用的计算点,在该点上对两阶段剪应力进行叠加。

　　如钢梁在同一部位(同一截面的同一纤维位置)处弯曲应力 $\sigma$ 和剪应力 $\tau$ 都较大时,应
验算折算应力 $\sigma_{eq}$ 是否满足要求,计算公式如下:

$$\sigma_{eq} = \sqrt{\sigma^2 + 3\tau^2} \qquad (3 – 14)$$

　　折算应力验算点通常取钢梁腹板的上下边缘处,该处弯曲应力和剪应力均较大。

　　**【例 3 – 1】**　某简支组合梁的截面尺寸如图 3 – 13 所示,组合梁的跨度 $l = 6$ m,施工时
钢梁下设置支撑;混凝土板的计算宽度 $b_e = 1\ 316$ mm,混凝土板的厚度 $h_{c1} = 100$ mm,混凝
土强度等级为 C25,钢材采用工 25a 工字钢,钢号为 Q235,钢梁的截面面积 $A = 4.85 \times 10^3$

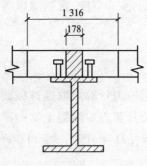

图 3-13 例 3-1 图

$mm^2$,钢梁的截面惯性矩 $I_s = 50.2 \times 10^3 \ mm^4$,在使用阶段作用在组合梁上的永久荷载设计值 $g = 10.36 \ kN/m$,可变均布荷载设计值 $q = 15.6 \ kN/m$,不考虑混凝土徐变影响,试验算该组合梁截面在使用阶段的受弯承载力。

**【解】**

(1)截面几何特征值计算

钢材和混凝土的弹性模量之比

$$\alpha_E = E/E_c = (206 \times 10^3)/(280 \times 10^2) = 7.4$$

混凝土板的换算宽度

$$b_{eq} = b_e/\alpha_E = 1\,316/7.4 = 178 \ mm$$

组合梁的总高度

$$H = h + h_{c1} = 250 + 100 = 350 \ mm$$

混凝土板截面重心到组合截面顶端的距离

$$y_1 = h_{c1}/2 = 100/2 = 50 \ mm$$

钢梁截面重心到组合截面顶边的距离

$$y_2 = h/2 + h_{c1} = 125 + 100 = 225 \ mm$$

组合截面中和轴至组合截面顶的距离

$$y_0 = \frac{\sum A_i y_i}{\sum A_i} = \frac{178 \times 100 \times 50 + 4.85 \times 10^3 \times 225}{178 \times 100 + 4.85 \times 10^3} = 8.75 \ mm < 100 \ mm$$

所以,中和轴在混凝土板内。

换算截面惯性矩

$$I_0 = \frac{b_{eq} h_{c1}^3}{12} + b_{eq} h_{c1} (y_0 - 0.5 h_{c1})^2 + I + A(y - y_0)^2$$

$$= \frac{178 \times 100^3}{12} + 178 \times 100 \times (87.5 - 50)^2 + 50.2 \times 10^6 + 4.85 \times 10^3 \times (225 - 87.5)^2$$

$$= 181.76 \times 10^6 \ mm^4$$

换算截面对钢梁截面下边缘的抵抗矩

$$W_0^b = \frac{I_0}{H - y_0} = \frac{181.76 \times 10^6}{350 - 87.5} = 6.92 \times 10^5 \ mm^3$$

换算截面对组合截面顶的抵抗矩

$$W_0^c = \frac{I_0}{y_0} = \frac{181.76 \times 10^6}{87.5} = 2.08 \times 10^6 \ mm^3$$

(2)作用在组合梁上弯矩设计值

$$M = \frac{1}{8}(g + q)l^2 = \frac{1}{8}(10.36 + 15.6) \times 6^2 = 116.82 \ kN \cdot m$$

(3)正应力验算

对组合梁钢梁的下边缘

$$\sigma_0^b = \frac{M}{W_0^b} = \frac{116.82 \times 10^6}{6.92 \times 10^5} = 168.8 \ N/mm^2 < f = 210 \ N/mm^2 (底面拉应力)$$

对组合截面顶面

$$\sigma_0^c = \frac{M}{\alpha_E W_0^c} = \frac{116.82 \times 10^6}{7.4 \times 2.08 \times 10^6} = 7.59 \text{ N/mm}^2 < f_c = 11.9 \text{ N/mm}^2 (顶面压应力)$$

上述验算表明该组合梁的受弯承载力满足要求。

### 3.2.2　按塑性理论计算

1. 概述

不直接承受动力荷载的组合梁可以按照塑性设计方法计算承载力,但挠度应按照弹性方法进行计算。塑性设计方法不需要区分荷载作用阶段和性质,计算比较简单。与纯钢梁不同,组合梁的塑性抗弯承载力要明显高于弹性承载力。但是对于施工时不设临时支撑的情况,需要对施工过程中钢梁的承载力、变形和稳定性按弹性方法进行验算。

2. 适用范围及适用条件

符合下列条件且混凝土翼板与钢梁部件之间实现完全抗剪连接的组合梁,其使用阶段应按塑性理论进行截面分析和承载力计算。

(1)在设计荷载作用下,构件不会因交替发生受拉屈服和受压屈服而使材料低周期疲劳破坏。

(2)组合梁的中和轴位于混凝土受压翼缘板面内。

(3)组合梁的塑性中和轴虽位于其钢梁部件的截面内,但钢梁翼缘和腹板的板件宽厚比均满足表 3-1 的要求。

表 3-1　工字形简支梁不需计算整体稳定性的最大宽厚比

| 钢号 | 跨中无侧向支点 | | 跨中受压翼缘有侧向支点的梁, |
|---|---|---|---|
| | 荷载作用在上翼缘 | 荷载作用在下翼缘 | 不论荷载作用在何处 |
| Q235 | 13.0 | 22.0 | 16.0 |
| Q345 | 10.5 | 16.5 | 13.0 |
| Q390 | 10.0 | 15.5 | 12.5 |

3. 受弯承载力计算

简支组合梁的极限承载力由控制界面所能承担的最大弯矩决定。截面的塑性承载力计算基于以下假定:

(1)塑性中和轴以下的型钢截面,其压应力全部达到钢材抗压强度设计值;

(2)塑性中和轴以上的型钢截面,其压应力也全部达到钢材抗压强度设计值;

(3)塑性中和轴以上的混凝土截面均匀受压,其压应力全部达到混凝土的抗压强度设计值;

(4)塑性中和轴以下的混凝土截面,假定全部开裂而不再受力;

(5)组合梁受到负弯矩作用时,混凝土翼缘板有效宽度内的纵向钢筋的拉应力全部达到钢筋的抗拉强度设计值;

(6)若钢筋混凝土板的支座处设置了混凝土托板,确定组合梁截面尺寸时,混凝土托板的截面不计。

　　根据以上假定,组合梁截面在承载力极限状态可能有两种应力分布情况,即组合截面塑性中和轴位于混凝土翼板内或者塑性中和轴位于钢梁截面内。对于这两种情况,组合梁抗弯承载力的计算方法如下。

　　(1)塑性中和轴位于混凝土翼板内(图 3 – 14),即 $Af \leqslant b_e h_{c1} f_c$ 时

$$M \leqslant b_e x f_c y \qquad (3-15)$$

$$x = Af/(b_e f_c) \qquad (3-16)$$

式中　$M$——全部荷载引起的弯矩设计值;

　　　　$A$——钢梁的截面面积;

　　　　$x$——混凝土翼板受压区高度;

　　　　$f_c$——混凝土抗压强度设计值;

　　　　$y$——钢梁截面应力合力至混凝土受压区截面应力合力间的距离。

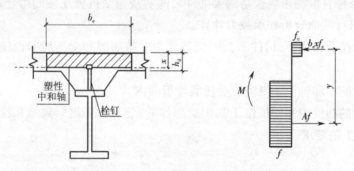

图 3 – 14　塑性中和轴在混凝土翼板内的组合梁应力分布图

　　(2)塑性中和轴位于钢梁截面内(图 3 – 15),即 $Af > b_e h_{c1} f_c$ 时

$$M \leqslant b_e h_{c1} y_1 + A'f y_2 \qquad (3-17)$$

$$A' = 0.5(A - b_e h_{c1} f_c/f) \qquad (3-18)$$

式中　$A'$——钢梁受压区截面面积;

　　　　$y_1$——钢梁受拉区截面应力合力至混凝土翼板截面应力合力间的距离;

　　　　$y_2$——钢梁受拉区截面应力合力至钢梁受压区截面应力合力间的距离。

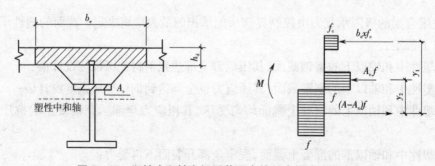

图 3 – 15　塑性中和轴在钢梁截面内的组合梁应力分布图

**4. 竖向抗剪承载力计算**

1）组合梁竖向抗剪的塑性设计方法

对于简支组合梁,梁端主要受到剪力的作用。当采用塑性方法计算组合梁的竖向抗剪承载力时,在竖向受剪极限状态可以认为钢梁腹板均匀受剪并且达到了钢材的抗剪设计强度,同时忽略混凝土翼板及板托的影响,按下式计算:

$$V \leqslant h_{w} t_{w} f_{v} \tag{3-19}$$

2）考虑混凝土翼板贡献的组合抗剪计算公式

钢 – 混凝土组合梁通过连接件将混凝土翼板与钢梁组合成整体进行工作后,其抗弯承载力和刚度显著提高。但由于组合梁的钢梁部分比相应纯钢梁的腹板高度小,当采用宽翼缘 H 型钢或剪跨比较小等情况下,可能出现仅仅依靠钢梁腹板抗剪不足的情况。目前,组合结构的有关规范规定按塑性理论进行设计时,组合截面的竖向抗剪承载力均不计混凝土翼板部分的贡献,而仅考虑钢梁腹板的抗剪作用。但实际工程中,若混凝土翼板和钢梁满足受剪极限状态的设计要求,则可以考虑混凝土翼板和钢梁同时抗剪。

对于受剪极限状态,组合梁中的钢梁可用钢梁上的剪应力是否超过钢材抗剪设计强度 $f_{v}$ 来判断是否满足设计要求。对于混凝土,其受剪破坏则是剪应力引起的主拉应力方向的受拉破坏。混凝土翼板抗剪承载力 $V_{uc}$ 的计算公式为

$$V_{uc} = (0.046\,5 + 0.168 e^{-\lambda_{b}^{1.514/9.67}}) f_{c} b_{e} h_{0} \tag{3-20}$$

式中　$\lambda_{b}$——混凝土翼板的剪跨比,定义为组合梁的剪跨长 $a$ 与混凝土翼板有效高度 $h_{0}$ 的比值,即 $\lambda_{b} = a/h_{0}$。

则组合梁的组合抗剪承载力计算公式为

$$V_{u} = V_{uc} + V_{us} \tag{3-21}$$

式中　$V_{u}$——钢 – 混凝土组合梁的组合抗剪承载力;

　　　$V_{us}$——只考虑腹板作用的钢梁塑性抗剪承载力。

对于连续组合梁以及简支梁在较大集中荷载作用下的情况,截面会同时作用有较大的弯矩和剪力。根据 Von Mises 强度理论分析,钢梁同时受弯剪作用时,由于腹板中剪应力的存在,截面的极限抗弯承载能力有所降低。

**【例 3 – 2】** 压型钢板简支组合梁截面如图 3 – 16 所示,压型钢板组合板的混凝土强度等级为 C25,钢梁采用 Q235 钢,试计算该组合梁的塑性承载力。

**【解】**

(1)材料强度设计值

混凝土抗压强度设计值

$$f_{c} = 11.9 \text{ N/mm}^{2}$$

钢材抗拉、抗压强度设计值

$$f = 210 \text{ N/mm}^{2}$$

(2)判断塑性中和轴位置

$$Af = (150 \times 10 + 270 \times 12 + 220 \times 20) \times 210$$

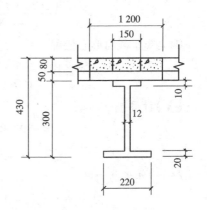

图 3 – 16　例 3 – 2 图

$$=1\ 919.4\ \text{kN}$$

$$b_e h_{c1} f_c = 1\ 200 \times 80 \times 11.9 = 1\ 142.4\ \text{kN}$$

因为 $Af > b_e h_{c1} f_c$，所以中和轴在钢梁腹板内。

（3）验算钢梁受压板件宽厚比

上翼缘宽厚比验算

$$b/t = 69/10 = 6.9 < 9 \times \sqrt{235/f} = 9 \times \sqrt{235/210} = 9.52$$

腹板宽厚比验算

$$h_0/t_w = 270/12 = 22.5 < 72 \times \sqrt{235/f} = 72 \times \sqrt{235/210} = 76.2$$

可以采用塑性设计方法计算。

（4）计算 $y_1$ 和 $y_2$

（Ⅰ）计算钢梁受压区截面面积

$$A_c = 0.5\left(A - b_e h_{c1}\frac{f_c}{f}\right)$$

$$= 0.5\left(9\ 140 - 1\ 200 \times 80 \times \frac{11.9}{210}\right)$$

$$= 1\ 850\ \text{mm}^2$$

（Ⅱ）计算钢梁受拉截面面积

$$A - A_c = 9\ 140 - 1\ 850 = 7\ 290\ \text{mm}^2$$

（Ⅲ）计算受拉、受压腹板高度

受拉腹板的高度

$$\frac{7\ 290 - 220 \times 20}{12} = 241\ \text{mm}$$

受压腹板的高度

$$(300 - 30) - 241 = 29\ \text{mm}$$

（Ⅳ）计算钢梁受拉截面、受压截面的形心位置（以受拉翼缘下边缘为基线）

钢梁受拉截面形心位置

$$\frac{220 \times 20 \times 10 + 241 \times 12 \times 140.5}{4\ 400 + 241 \times 12} = 61.8\ \text{mm}$$

钢梁受压截面形心位置

$$\frac{150 \times 10 \times 295 + 12 \times 29 \times (290 - 14.5)}{150 \times 10 + 12 \times 29} = 291.3\ \text{mm}$$

（Ⅴ）计算 $y_1$ 和 $y_2$

$$y_1 = 430 - 0.5 \times (61.8 + 80) = 359.1\ \text{mm}$$

$$y_2 = 291.3 - 0.5 \times 61.8 = 260.4\ \text{mm}$$

（5）塑性承载力

$$M_u = b_e h_c f_c y_1 + A_c f y_2$$

$$= 1\ 200 \times 80 \times 11.9 \times 359.1 + 1\ 850 \times 210 \times 260.4$$

$$= 511.4\ \text{kN} \cdot \text{m}$$

### 3.2.3　连续组合梁的内力分析和承载力计算

1.连续组合梁的特点

多跨连续组合梁一般适用于仅承受静力荷载或者间接承受动力荷载的构件,它具有以下特点。

(1)连续组合梁中间支座截面往往有很大的负弯矩作用,其混凝土翼板因受力易开裂而退出工作,但混凝土翼板内的钢筋仍然参与工作。

(2)连续组合梁中间支座截面的抗弯承载力远小于跨中组合截面的抗弯能力,中间支座截面往往是组合梁的薄弱截面,因此必须对其进行抗弯承载力计算。

(3)连续组合梁由于活荷载的不利布置,可能会使某跨内的全部截面上产生负弯矩,钢梁的下翼缘处于受压状态,发生整体失稳。

(4)对于一般简支组合梁,支座截面处剪力大、弯矩小,跨中截面处弯矩大、剪力小,支座和跨中截面可分别按纯剪和纯弯进行承载力计算。但连续组合梁的中间支座截面处往往弯矩大、剪力大,其截面的承载力计算应考虑弯矩与剪力之间的相互影响。

2.连续组合梁的内力计算

1)基本假定

多跨连续组合梁的内力按弹性理论计算,应遵循以下基本假定:

(1)连续组合梁正负弯矩区的混凝土翼板有效宽度 $b_{ce}$ 为钢梁上翼缘或板托顶部的宽度与梁外侧和内侧的混凝土翼板计算宽度之和;

(2)连续组合梁支座负弯矩处,受拉混凝土翼板不参加工作,但其有效宽度 $b_{ce}$ 范围内的纵向受拉钢筋仍参加工作;

(3)使用阶段组合梁的换算截面仍需考虑荷载短期效应和荷载长期效应的不同影响;

(4)由于组合梁支座负弯矩区段混凝土翼板受拉开裂而不参与工作,使连续组合梁在正弯矩区和负弯矩区的截面刚度存在较大的差别,因此连续组合梁在实际受力状态下为变刚度的连续梁,因此在计算过程中,一般假定在距中间支座 $0.5l$( $l$ 为组合梁的跨度)范围内,组合梁的截面刚度可不考虑混凝土翼板和板托的影响,但有效宽度 $b_{ce}$ 范围内的钢筋作用仍需考虑,其余区段内的组合梁截面按钢梁和混凝土翼板的整体截面考虑。

2)计算方法

由于实际受力状态下连续组合梁的截面为变刚度杆件,因此其内力可采用结构力学的力学方法原理进行内力计算,并根据不同的荷载组合绘制内力包络图。

3.连续组合梁的承载力计算

连续组合梁的截面承载力计算一般采用塑性理论。

1)适用条件

连续组合梁采用塑性理论方法计算时,应符合下列条件:

(1)连续组合梁中的钢梁受压板件厚度应符合表 3 - 1 要求;

(2)内力合力与不利外荷载组合应保持平衡;

(3)连续组合梁相邻两跨的跨度差不应超过短跨的45%;

（4）边跨的跨度不得小于临跨跨度的 70%，也不得大于临跨跨度的 115%；

（5）在每跨的 1/5 跨度范围内，集中作用的荷载极限值不得大于此跨总荷载的 1/2；

（6）连续组合梁中间支座截面的材料总强度比 $\gamma$ 应满足式（3－22）要求，即

$$0.15 \leqslant \gamma = \frac{A_{st} f_{st}}{A_s f} < 0.5 \qquad (3-22)$$

式中　$A_{st}$——混凝土翼板有效宽度内的纵向钢筋截面面积；

　　　$A_s$——钢梁的截面面积；

　　　$f_{st}$——钢筋的抗拉强度设计值；

　　　$f$——钢材的抗拉强度设计值。

　　2）基本假定

采用塑性理论计算组合梁承载力时，应遵循下列基本假定：

（1）不考虑温差作用及混凝土收缩作用对连续组合梁的承载力影响；

（2）不考虑施工阶段钢梁下有无设置临时支撑对连续组合梁的承载力影响；

（3）连续组合梁的截面剪力仅由钢梁腹板承受，不考虑混凝土翼板及其板托参与抗剪；

（4）连续组合梁负弯矩区段的受拉混凝土翼板有效宽度 $b_{ce}$，取连续组合梁正弯矩区段的混凝土翼板有效宽度 $b_{ce}$；

（5）连续组合梁负弯矩区段混凝土翼板有效宽度 $b_{ce}$ 范围内的钢筋参与工作，与下部钢梁共同承受负弯矩，且钢筋端部有可靠的锚固。

　　3）连续组合梁的受弯承载力计算

连续组合梁负弯矩区段的受弯承载力计算简图如图 3－17 所示，其受弯承载力计算公式如下：

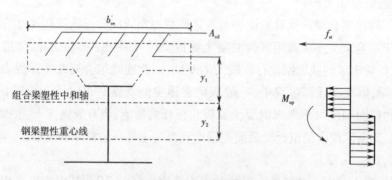

**图 3－17　连续组合梁的受弯承载力计算示意图**

$$M \leqslant M_{up} = M_{sp} + A_{st} f_{st}(y_1 + 0.5 y_2) \qquad (3-23)$$

式中　$M$——连续组合梁负弯矩区段的负弯矩设计值；

　　　$M_{up}$——连续组合梁负弯矩区段截面的塑性受弯承载力；

　　　$M_{sp} = (S_1 + S_2)f$——钢梁绕自身塑性中和轴的塑性受弯承载力；

　　　$S_1, S_2$——钢梁塑性中和轴以上、以下截面对塑性中和轴的面积矩；

　　　$f$——钢材的抗拉强度设计值；

　　　$A_{st}$——连续组合梁负弯矩区段混凝土翼板有效宽度范围内纵向钢筋截面面积；

$f_{st}$——钢筋的抗拉强度设计值；

$y_1$——纵向钢筋截面形心至连续组合梁塑性中和轴的距离；

$y_2$——钢梁塑性中和轴至连续组合梁塑性中和轴的距离，当塑性中和轴在钢梁腹板内时取 $y_2 = A_{st} f_{st}/(2 t_w f)$，当塑性中和轴在钢梁翼缘内时 $y_2$ 取钢梁塑性中和轴至腹板上边缘的距离；

$t_w$——钢梁的腹板厚度。

4）连续组合梁抗剪承载力计算

采用塑性理论计算连续组合梁的承载力时，对中间支座负弯矩区段，当截面的材料强度比 $\gamma \geqslant 0.15$ 时，可不考虑弯矩与剪力的相互影响，截面可分别按纯剪和纯弯进行抗剪承载力和抗弯承载力的验算。

连续组合梁中间支座负弯矩区段的剪力，一般仅由钢梁的腹板承受，因此连续组合梁中间支座负弯矩区段的抗剪承载力可按式（3 – 19）进行验算。

### 3.2.4 部分剪切连接组合梁受弯承载力计算

1. 适用范围

在完全抗剪连接组合梁设计中，抗剪连接件的数量是按混凝土翼板与钢梁上翼缘交界面纵向剪力计算值确定；若不满足，则称为部分抗剪连接。当组合梁的截面尺寸不是取决于塑性受弯承载力，而是由使用阶段的变形或施工条件等其他因素确定时，没有按弯曲计算值确定连接件的数量，可以设计成部分抗剪连接组合梁。

部分抗剪连接组合梁的适用范围如下：

（1）承受静载且集中力不大的、跨度 $l \leqslant 20$ m 的组合梁；

（2）采用压型钢板作为混凝土翼板底模的组合梁。

需了解抗剪连接件所配置的抗剪连接件数量 $n_1$ 不得小于完全抗剪连接时的抗剪连接件数量 $n_f$ 的 50%。

2. 受弯承载力的计算

研究表明，部分抗剪连接组合梁处于极限状态时，最大弯矩及截面混凝土翼缘板中的压应力合力取决于交界面上的抗剪连接件所能提供的纵向剪力，所以定义在最大弯矩点与零弯矩之间交界面上的抗剪连接件纵向抗剪承载力合力 $nN_v^c$ 和与极限弯矩相应的纵向水平剪力 $V_l$ 之比为抗剪连接程度，记作

$$\gamma = \frac{nN_v^c}{V_l} \tag{3 – 24}$$

式中 $n$——抗剪连接件个数；

$N_v^c$——单根连接件受剪承载力。

当抗剪连接件的连接程度不高时，抗剪连接件能够承受一定程度的纵向剪力，提供一定的组合作用，但相对滑移较大，以致在组合梁受弯破坏之前发生连接件受剪的破坏，受弯承载力没有达到抗弯极限承载力。若抗剪连接程度 $\gamma$ 提高，组合梁的共同作用程度随之提高，交界面相对滑移减小，构件由受剪破坏逐渐过渡到以混凝土翼缘板压碎为标志的弯曲破坏。

部分抗剪连接组合梁的应力分布如图 3 – 18 所示。部分抗剪连接组合梁的受弯承载力,按下式计算:

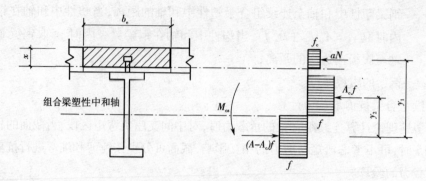

**图 3 – 18　部分抗剪连接组合梁的计算简图**

$$x = n_r N_v^c / (b_e f_c) \tag{3 – 25}$$

$$A' = (Af - n_r N_v^c) / (2f) \tag{3 – 26}$$

$$M_{u,r} = n_r N_v^c y_1 + 0.5(Af - n_r N_v^c) y_2 \tag{3 – 27}$$

式中　$x$ ——混凝土翼板受压区高度;

$n_r$ ——在所计算截面左、右两个剪跨区内,数量较少的连接件个数;

$N_v^c$ ——每个抗剪连接件的纵向抗剪承载力;

$M_{u,r}$ ——部分抗剪连接时截面抗弯承载力;

$y_1$ ——钢梁受拉区截面应力合力至混凝土翼板截面应力合力间的距离;

$y_2$ ——钢梁受拉区截面应力合力至钢梁受压区截面应力合力间的距离。

### 3.2.5　混凝土板及板托的纵向受剪承载力验算

组合梁中的混凝土翼板通过沿一个狭窄的接触面布置的抗剪连接件与钢梁组合在一起共同工作。在布置抗剪连接件的位置,混凝土翼板内会存在较大的剪应力,可能由于纵向受剪而导致开裂或破坏。部分抗剪连接组合梁的计算简图如图 3 – 18 所示。为了满足正常使用要求并保证组合梁不因混凝土翼板的纵向开裂而导致极限抗弯承载力降低,应配置适当的横向钢筋以控制纵向裂缝的发展,使混凝土翼板在出现纵向裂缝后不会继续发展,从而保证组合梁在达到极限抗弯承载力之前不会发生纵向剪切破坏。因此,对于组合梁除了要验算抗剪连接件的承载力以外,还应该验算混凝土翼板的纵向抗剪承载力。

《钢 – 混凝土组合结构设计规程》(DL/T 5085—1999)规定混凝土翼板的纵向剪力应满足如下要求:

$$v_{l,1} \leqslant v_{ul,1} \tag{3 – 28}$$

式中　$v_{l,1}$ ——荷载作用引起的单位界面长度上的纵向界面剪力;

$v_{ul,1}$ ——单位界面长度上的界面抗剪强度。

$v_{l,1}$ 的取值与所考虑的界面有关,包括混凝土翼板纵向竖界面(见图 3 – 19a—a 界面)和包络连接件的纵向界面(见图 3 – 19b—b、c—c 界面)。$v_{l,1}$ 可以根据组合梁的实际受力状态按照弹性方法和塑性方法确定。作为一种简化的处理方式,则可以根据极限抗剪状态下的平衡关系确定。

1. 按实际受力状态计算纵向设计剪力

(1)混凝土翼板的纵向界面,即图 3 – 19a—a 界面。

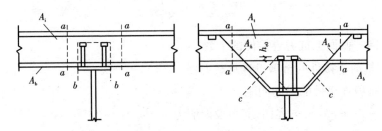

**图 3 – 19　混凝土翼板纵向抗剪承载力计算示意图**

当采用弹性分析方法计算时,界面剪力设计值为

$$v_{l,1} = \max\left(\frac{VS}{I} \times \frac{b_1}{b_e}, \frac{VS}{I} \times \frac{b_2}{b_e}\right) \tag{3 – 29}$$

式中　$V$——荷载引起的竖向剪力;

$S$——混凝土翼板的换算截面绕整个换算截面中和轴的面积矩;

$I$——整个换算截面绕自身中和轴的惯性矩;

$b_e$——翼板有效宽度;

$b_1$,$b_2$——翼板左、右两侧的跳出高度。

当采用塑性分析方法计算时,截面剪力设计值为

$$v_{l,1} = \max\left(\frac{V_l}{l_c} \times \frac{b_1}{b_e}, \frac{V_l}{l_c} \times \frac{b_2}{b_e}\right) \tag{3 – 30}$$

式中　$V_l$——剪跨长度上总的纵向剪力,剪跨段的纵向总剪力可以根据塑性极限状态下的
平衡条件确定,当塑性中和轴位于混凝土翼板(包括托板)内,即塑性中和轴
位于叠合面之上时,$V_l = A_s f$,当塑性中和轴位于钢梁内,即塑性中和轴位于叠
合面之下时,$V_l = b_e h_c f_c$;

$l_c$——剪跨,即最大弯矩截面至零弯矩截面之间的距离。

(2)包络连接件的纵向界面,即图 3 – 19b—b、c—c 界面。

当采用弹性分析方法计算时,界面剪力设计值为

$$v_{l,1} = \frac{VS}{I} \tag{3 – 31}$$

当采用塑性分析方法计算时,界面剪力设计值为

$$v_{l,1} = \frac{V_l}{l_c} \tag{3 – 32}$$

2. 纵向设计剪力的简化计算方法

当采用塑性方法设计抗剪连接件和进行纵向抗剪验算时,作为一种简化的处理方式,可
以假定连接件按满应力工作,因此荷载作用引起的单位界面长度上的纵向界面剪力 $V_{l,1}$ 可
以直接由连接件的设计剪力确定。

对于图 3 – 19a—a 界面,剪力设计值为

$$v_{l,1} = \frac{n_i N_v^c}{u_i} \times \frac{b_1}{b_e} \qquad (3-33)$$

或

$$v_{l,1} = \frac{n_i N_v^c}{u_i} \times \frac{b_2}{b_e} \qquad (3-34)$$

式中　$n_i$——同一截面上抗剪连接件的个数；

　　　$N_v^c$——抗剪连接件的抗剪设计承载力；

　　　$u_i$——抗剪连接件的纵向间距。

对于图 3-19 $b$—$b$、$c$—$c$ 界面，剪力设计值为

$$v_{l,1} = \frac{n_i N_v^c}{u_i} \qquad (3-35)$$

《钢-混凝土组合结构设计规程》(DL/T 5085—1999)中建议荷载作用引起的单位界面长度上的纵向剪力采用上述的简化方法进行计算。

组合梁的纵向抗剪强度在很大程度上受到横向钢筋配筋率的影响，为了保证在组合梁达到承载力极限状态之前不发生纵向剪切破坏，并考虑到荷载长期效应和混凝土收缩等不利因素的影响，《钢-混凝土组合结构设计规程》(DL/T 5085—1999)建议混凝土板横向钢筋最小配筋应符合如下条件：

$$A_e f_r / b_f > 0.75 \qquad (3-36)$$

式中：0.75 为常数，单位为 N/mm²。

【例3-3】　某组合楼盖体系，采用简支组合梁，跨度 $L = 7$ m，间距 3 m，截面尺寸如图 3-20 所示。试按弹性方法验算其截面承载力并进行校核。已知：混凝土板厚度 90 mm，混凝土强度等级 C30；焊接工字钢梁，钢材为 Q235；施工活荷载标准值 1 kN/m²，楼面活荷载标准值 3 kN/m²，准永久值系数 0.5，楼面铺装及吊顶荷载标准值为 1.5 kN/m²；施工时只在跨中设一个临时支撑，抗剪连接件采用 $\phi 16 \times 70$ 栓钉，栓钉布置方式为垂直于梁的轴线方向，栓钉单排布置；沿梁的轴线方向，栓钉间距为 190 mm，数量为 35 个，端部栓钉距梁端距离为 175 mm。

试验证例题中组合梁的纵向抗剪是否满足要求。

【解】　栓钉抗剪承载力设计值为

$$N_v^c = 0.7 A_s \gamma f = 50.53 \text{ kN}$$

钢与混凝土交界面单位长度上由抗剪连接件提供的实际抗剪承载力为

$$v = \frac{n_s N_v^c}{p} = \frac{1 \times 50.53 \times 10^3}{190} = 265.9 \text{ N/mm}$$

(1)纵向界面 $a$—$a$ 的抗剪承载力验算

纵向界面单位长度的剪力设计值为

$$V_{l,1} = v \frac{b_1}{b_e} = v \frac{b_2}{b_e} = 265.9 \times \frac{540}{1\,200} = 119.7 \text{ N/mm}$$

对于界面 $a$—$a$，$b_f = 90$ mm，$A_e = A_b + A_t = 1.341$ mm²。

纵向界面单位长度的抗剪承载力为

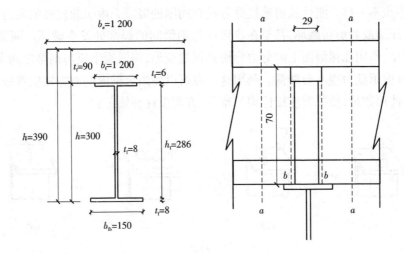

图 3 – 20　例 3 – 3 图

$$V_{ul,1} = 0.9b_f + 0.8A_e f_r = 0.9 \times 90 + 0.8 \times 1.341 \times 210 = 306.3 \text{ N/mm}$$
$$\leqslant 0.25b_f f_c = 0.25 \times 90 \times 14.3 = 321.8 \text{ N/mm}$$

由此可得，$V_{l,1} < V_{ul,1}$，纵向界面 $a$—$a$ 的抗剪承载力满足要求。

$A_e f_r/b_f = 1.341 \times 210/90 = 3.13 > 0.75$，满足最小配筋率要求。

（2）纵向界面 $b$—$b$ 的抗剪承载力验算

纵向界面单位长度的剪力设计值为

$$V_{l,1} = v = 265.9 \text{ N/mm}$$

对于界面 $b$—$b$

$$b_f = 2 \times 70 + 29 = 169 \text{ mm}, A_e = 2A_b = 1.582 \text{ mm}^2$$

纵向界面单位长度的抗剪承载力为

$$V_{ul,1} = 0.9b_f + 0.8A_e f_r = 0.9 \times 169 + 0.8 \times 1.582 \times 210 = 417.9 \text{ N/mm}$$
$$\leqslant 0.25b_f f_c = 0.25 \times 169 \times 14.3 = 604.2 \text{ N/mm}$$

由此可得，$V_{l,1} < V_{ul,1}$，纵向界面 $b$—$b$ 的抗剪承载力满足要求。

$A_e f_r/b_f = 1.582 \times 210/169 = 1.97 > 0.75$，满足最小配筋率要求。

## 3.3　抗剪连接件

### 3.3.1　抗剪连接件的形式

抗剪连接件的形式很多，按照变形能力可分为刚性连接件和柔性连接件两大类。刚性连接件包括方钢、T 型钢、马蹄型钢等连接件（见图 3 – 21(a)、(b)、(c)），而栓钉、弯筋、角钢、L 型钢、锚环等则属于柔性抗剪连接件（见图 3 – 21(d)、(e)、(f)、(g)、(h)）。刚性抗剪连接件通常不用考虑剪力重分布的结构（如桥梁结构），而柔性抗剪连接件则广泛应用于一般房屋建筑中。典型的刚性连接件和柔性抗剪连接件的荷载 – 滑移曲线如图 3 – 22 所示。柔性连接件比刚性连接件的刚度小，而变形能力较大。两类连接件除刚度有明显的区别之外,破坏形态也不一样。刚性抗剪连接件容易在周围的混凝土内引起较高的应力集中,导致混凝土发生压缩或者剪切破坏,甚至在连接件与钢梁间的焊接处发生破坏。而柔性抗剪连接件刚度较小,作用在接触面上的剪力会使其发生变形,当混凝土板与钢梁之间发生一定的滑移时,其抗剪承载力则不会降低。利用这一点可以使组合梁内的剪力发生重分布,减小抗剪连接件的使用数量,使抗剪连接件均匀布置,方便设计和施工。

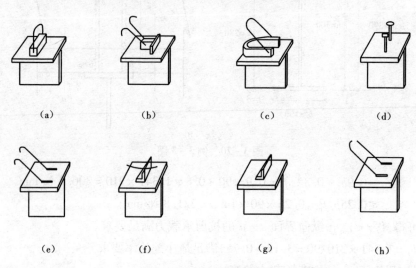

(a)　　　　　(b)　　　　　(c)　　　　　(d)

(e)　　　　　(f)　　　　　(g)　　　　　(h)

图 3 – 21　抗剪连接件示例

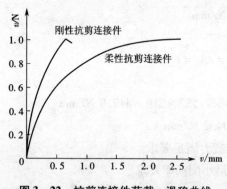

图 3 – 22　抗剪连接件荷载 – 滑移曲线

目前最常用的抗剪连接件为栓钉,当不具备专用设备焊接栓钉时,也可以采用槽钢及弯筋连接件。

弯筋连接件是较早使用的抗剪连接件,制作及施工都比较简单。由于它只能利用弯筋的抗拉强度抵抗剪力,所以在剪力方向不明或剪力方向可能发生改变时作用效果较差。

槽钢连接件抗剪能力强,重分布剪力的性能好,翼缘同时可以起到抵抗掀起的作用。槽钢型号多,取材方便,选择范围大,同时便于手工焊接,具有实用性广的特点。但槽钢连接件现场焊接的工作量较大,不利于加快施工进度。

栓钉连接件制造工艺简单,不需要大型轧制设备,适合工业化生产;用半自动拉弧焊机施工非常迅速,受作业环境的限制较小,便于现场焊接和质量控制。栓钉连接件各向同性,受力性能好,沿任意方向的强度和刚度相同,对混凝土板中钢筋布置的影响也较小。因此,栓钉连接件已成为目前应用最广泛的抗剪连接件。

清华大学聂建国老师自 2004 年始相继提出钢 – 混凝土叠合板组合梁、槽型钢 – 混凝土组合梁以及采用新型抗剪连接件的槽型钢 – 混凝土组合梁等中国专利。由于施工方便、构造简单及抗裂性能好,在公路桥梁及工业与民用建筑领域具有广阔的应用前景。

图 3 – 23 所示为槽型钢 – 混凝土组合梁发明专利,该组合梁由顶部开口的钢箱梁、浇筑在钢箱梁内侧的混凝土以及熔焊在钢箱梁内侧的抗剪连接件构成。抗剪连接件将钢梁与后浇混凝土组合成整体,充分发挥混凝土的抗压性能;钢板可抵抗各个方向的拉应力并防止表面开裂,抗剪连接件传递钢箱梁与混凝土的剪力并防止二者分离,可以显著提高结构承载力、刚度、抗裂性能和施工速度。

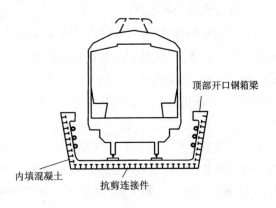

图 3 – 23　槽型钢 – 混凝土组合梁

### 3.3.2　抗剪连接件的工作性能

1. 静力工作性能

推出试件在荷载作用下,除少部分荷载以摩擦力的形式直接传给混凝土板外,绝大部分荷载均直接传递给抗剪连接件,造成抗剪连接件根部混凝土在高应力作用下发生变形,使工字钢与混凝土之间发生相对滑移。此时混凝土板处于偏心受压状态,在弯矩的作用下发生转动,工字钢和混凝土在连接件上方基本处于挤压状态,而靠近混凝土底部则出现相对分离的趋势,这就是通常所指的混凝土翼板的掀起。

根据混凝土翼板构造和栓钉强度的不同,栓钉推出试验(图 3 – 24)可能产生以下几种破坏形态。

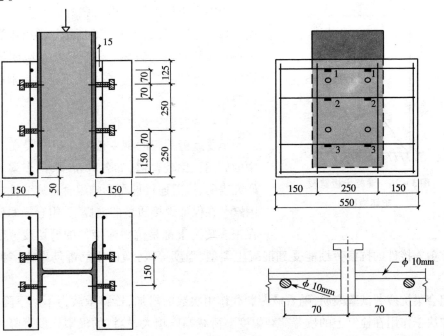

图 3 – 24　栓钉推出试验示意图

1)混凝土板压碎破坏

对于标准推出试件,当栓钉直径在 19 mm 左右、混凝土立方体强度 $f_{cu} \leqslant 35$ N/mm$^2$ 时大都发生这种破坏。加载初期,滑移和掀起效应都比较小且增长缓慢。在荷载增加至$(0.4 \sim 0.6)P_u$($P_u$ 为极限荷载)时,连接件位置处开始出现第一条水平裂缝 I,如图 3-25 所示(图中标号表示焊缝出现的先后顺序)。第一条裂缝的出现并不能改变连接件的工作性能,有一个较长的相对稳定过程。当荷载增加到$(0.65 \sim 0.95)P_u$ 时,裂缝 I 继续延伸发展并且出现第二条裂缝 II。此后滑移和掀起迅速增加,在混凝土板外侧面也出现裂缝。随着裂缝的延伸和加宽,混凝土板不能抵抗更大的荷载,即达到极限荷载 $P_u$。这种破坏以 II 的出现为标志,栓钉能够产生较大的塑性变形,具有较好的延性和较高的承载力。

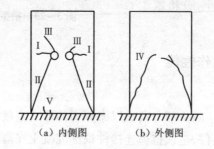

(a) 内侧图          (b) 外侧图

**图 3-25  栓钉推出试验典型混凝土裂缝图**

2)栓钉剪切破坏

当混凝土强度较高且栓钉较弱时,发生这种破坏模式。这种破坏以栓钉剪断为标志,当混凝土板外观无明显裂缝或微裂,栓钉根部的混凝土被压碎。

3)混凝土板劈裂破坏

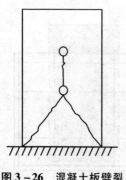

**图 3-26  混凝土板劈裂破坏模型**

当混凝土板内栓钉沿荷载方向布置时宜发生混凝土板劈裂破坏,如图 3-26 所示。混凝土翼板下部出现斜裂缝时达到破坏。劈裂破坏荷载明显低于前述两种类型的破坏荷载,在实际工程中应采取措施予以避免。

2.疲劳荷载下的工作性能

承受疲劳荷载的钢-混凝土组合梁在工程结构中的应用也比较普遍,如各种桥梁、吊车梁等。试验研究表明,抗剪连接件是影响组合梁疲劳性能的主要因素。在保证焊接质量的前提下,组合梁的疲劳破坏在很多情况下都是抗剪连接件的剪切疲劳破坏造成的。抗剪连接件的抗疲劳性能受到混凝土类型、强度等级、横向钢筋配筋率等多种因素的影响。

组合梁抗疲劳试验表明,随着疲劳荷载作用次数的增加,栓钉承载力不断下降,降低的速率取决于作用在栓钉上的疲劳荷载幅度。荷载幅度越大,栓钉的极限强度下降越快。目前,我国在钢-混凝土组合梁疲劳方面的研究还比较少,有待于进一步开展和深入。

### 3.3.3　抗剪连接件的承载力计算

1. 静力抗剪承载力计算

1）栓钉连接件

当荷载作用时,栓钉同钢梁一起移动,外荷载通过栓钉焊缝传给栓钉的根部,并产生较大的变形,迫使栓钉上部变形,整个栓钉将受到弯矩、剪力和拉力的联合作用。由于这种作用,栓钉根部承受压力最大,沿高度逐渐减小,当接近栓钉顶部时承受的压力相反,如图 3 – 27 所示。当混凝土强度较高而连接件本身尺寸较小时,栓钉连接件达到极限抗剪强度而被剪坏,这时连接件的抗剪强度与混凝土的强度等级无关,仅取决于栓钉连接件的类型和材质。当混凝土的强度较低、栓钉直径较大、抗剪强度较高、外荷载较大时,栓钉作用周围的混凝土被压碎或出现劈裂。在轻集料混凝土中栓杆几乎是直的,如果栓钉埋置深度不够,栓钉往往被拔出并带出一块楔形混凝土。

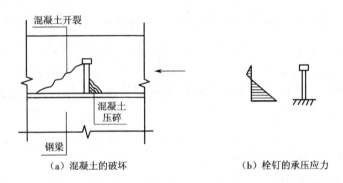

（a）混凝土的破坏　　　　　　（b）栓钉的承压应力

**图 3 – 27　栓钉连接件及周围混凝土的受力状态**

分析表明,影响栓钉抗剪承载力的主要因素有混凝土的抗压强度 $f_c$、栓钉截面面积 $A_s$、栓钉抗拉强度 $f$ 和栓钉长度 $h$。《钢结构设计规范》(GB 50017—2003)规定,当 $h/d \geqslant 4.0$（$d$ 为栓钉直径）时,栓钉的抗剪承载力设计值按下式计算:

$$N_v^c = 0.43 A_s \sqrt{E_c f_c} \leqslant 0.7 A_s \gamma f \qquad (3-37)$$

式中　$E_c$——混凝土的弹性模量;

　　　$A_s$——栓钉栓杆截面面积;

　　　$f_c$——混凝土抗压强度设计值;

　　　$f$——栓钉抗拉强度设计值;

　　　$\gamma$——栓钉材料抗拉强度最小值与屈服强度之比。

栓钉的抗剪承载力并非随混凝土强度的提高而无限地提高,存在一个与栓钉抗拉强度有关的上限值。根据欧洲钢结构协会 1981 年组合结构规范等资料,其承载力的上限条件为 $0.7 A_s f_u$,$f_u$ 为栓钉的极限抗拉强度。《钢结构设计规范》(GB 50017—2003)曾采用 $0.7 A_s f$ 作为栓钉的承载力上限,$f$ 为栓钉抗拉强度设计值。因该限值很低,导致栓钉的使用数量过多。《钢结构设计规范》(GB 50017—2003)将这一上限值修改为 $0.7 A_s \gamma f$,即式(3 – 37)的右边项,其中 $\gamma$ 为栓钉材料的抗拉强度与屈服强度(均采用最小规范值)之比。根据国家标准《圆柱头焊钉》(GB/T 10433—2002),当栓钉材料性能等级为 4.6 级时,$\gamma = f_u/f = 400/240$

=1.67。

2）槽钢连接件

槽钢连接件的受力模式如图3-28所示,由内翼缘底部及内翼内侧混凝土抗压,内翼缘界面摩擦力及腹板抗拉和抗剪作用共同抵抗剪切荷载。

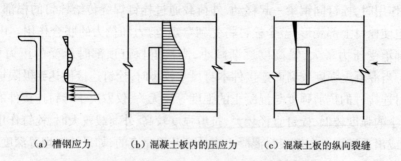

（a）槽钢应力　　　（b）混凝土板内的压应力　　　（c）混凝土板的纵向裂缝

图3-28　槽钢连接件及周围混凝土的受力状态

影响槽钢连接件承载力的主要因素有混凝土强度及槽钢的几何尺寸和材质等。混凝土强度越高,承载力越大;槽钢高度大,有利于腹板抗拉强度的发挥,同时混凝土板的"套箍"作用也更大;翼缘宽度的大小则直接决定了内翼缘传递压应力的区域和内翼缘界面摩擦力的大小。《钢结构设计规范》（GB 50017—2003）规定的槽钢连接件抗剪承载力设计值计算公式为

$$N_v^c = 0.26(t + 0.5t_w)l_c\sqrt{E_c f_c}\qquad(3-38)$$

式中　$t$——槽钢翼缘的平均厚度;

　　　$t_w$——槽钢腹板的厚度;

　　　$l_c$——槽钢的长度。

槽钢连接件通过肢尖、肢背两条通长角焊缝与钢梁连接。角焊缝应根据槽钢连接件的抗剪承载力设计值 $N_v^c$ 按照《钢结构设计规范》（GB 50017—2003）的有关内容进行验算。

试验表明槽钢抗剪连接件在顺槽钢背与逆槽钢背方向荷载作用下的极限承载力相近,因此《钢结构设计规范》（GB 50017—2003）中取消了对槽钢连接件肢尖方向的限制,方便了设计和施工。

3）弯筋连接件

当荷载作用时,作用力通过焊缝传递到弯筋上,通过弯筋与混凝土之间的黏结力将力传递到混凝土中。这时弯筋处于受拉状态,随着荷载的增加,弯筋与混凝土之间的黏结力逐渐丧失,结果造成混凝土被压碎或劈裂。弯起连接件抗剪承载力设计值按下式计算:

$$N_v^c = A_{st} f_{st}\qquad(3-39)$$

式中　$A_{st}$——弯筋的截面面积;

　　　$f_{st}$——弯筋的抗拉强度设计值。

2．栓钉抗剪连接件抗剪承载力的折减

（1）压型钢板组合梁一般采用栓钉抗剪连接件,并透过压型钢板直接熔焊到钢梁上。此时,混凝土对栓钉的约束作用减弱,对抵抗剪力不利,应对其抗剪承载力予以折减。当为增大组合梁的截面惯性矩而设置托板时,同样也需要对栓钉的抗剪承载力进行折减。

①当压型钢板肋平行于钢梁布置(图 3 – 29(a))且 $b_w/h_e < 1.5$ 时,按式(3 – 39)算得的 $N_v^c$ 应乘以折减系数 $\beta_v$。$\beta_v$ 值按下式计算:

$$\beta_v = 0.6 \frac{b_w}{h_e} \left( \frac{h_d - h_e}{h_e} \right) \leqslant 1 \tag{3 – 40}$$

式中　$b_w$——混凝土凸肋的平均宽度,当肋的上部宽度小于下部宽度时,改取上部宽度;

　　　$h_e$——混凝土凸肋的高度;

　　　$h_d$——栓钉高度。

②当压型钢板的板肋垂直于钢梁布置时(图 3 – 29(b)),栓钉抗剪连接件承载力设计值的折减系数按下式计算:

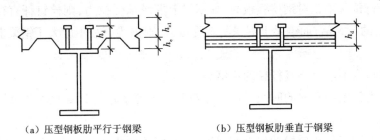

（a）压型钢板肋平行于钢梁　　　　　（b）压型钢板肋垂直于钢梁

**图 3 – 29　栓钉抗剪连接件承载力计算示意图**

$$\beta_v = \frac{0.85}{\sqrt{n_0}} \frac{b_w}{h_e} \left( \frac{h_d - h_e}{h_e} \right) \leqslant 1 \tag{3 – 41}$$

式中　$n_0$——一个肋中布置的栓钉数,当多于 3 个时,按 3 个计算。

(2)当栓钉位于负弯矩区段时,混凝土翼板处于受拉状态,栓钉周围混凝土对其约束程度不如正弯矩区约束程度高,所以《钢结构设计规范》(GB 50017—2003)规定位于负弯矩区的栓钉抗剪承载力设计值 $N_v^c$ 应乘以折减系数 0.9(对于中间支座两侧)和 0.8(悬臂部分)。

【例 3 – 4】　按塑性方法设计例 3 – 3 中组合梁的抗剪连接件,抗剪连接件采用 $\phi 16 \times 70$ 栓钉。

【解】　栓钉抗剪承载力设计值 $N_v^c = 0.7 A_s \gamma f = 50.53$ kN $< 0.43 A_s \sqrt{E_c f_c} = 56.63$ kN。

全梁共 2 个正弯矩区剪跨段,无集中力作用,以跨中平分。每个剪跨区段内钢梁与混凝土翼板交界面的纵向剪力为 $V_s = \min \{ Af, b_e h_c f_c \} = 904.72$ kN。

按完全抗剪连接设计,每个剪跨区段内需要的连接件总数为

$$n_f = V_s / N_v^c = 904.72 / 50.53 = 17.9$$

取 $n_f = 18$,则全跨布置栓钉 36 个。

栓钉布置方式如下:垂直于梁的轴线方向,栓钉单排布置;沿梁的轴线方向,(175 + 35 × 190 + 175)mm。

### 3.3.4　抗剪连接件的构造要求

1.连接件设置的统一要求

连接件设置的统一要求如下。

（1）栓钉连接件钉头下表面或槽钢连接件上翼缘下表面宜高出翼板底部钢筋顶面30 mm。

（2）连接件的纵向最大间距不应大于混凝土翼板（包括托板）厚度的 4 倍，且不大于40 mm。

（3）连接件的外侧边缘与钢梁翼缘板的间距不应小于 20 mm。

（4）连接件的外侧边缘至混凝土翼板边缘的距离不应小于 100 mm。

（5）连接件顶面的混凝土保护层厚度不应小于 15 mm。

2. 栓钉连接件的专项要求

栓钉连接件除满足上述统一要求外，尚应符合下列规定。

（1）当栓钉位置不正对钢梁腹板时：如钢梁上翼缘承受拉力，则栓钉杆直径不应大于钢梁上翼缘厚度的 1.5 倍；如钢梁上翼缘不承受拉力，则钢梁直径不应大于钢梁上翼缘厚度的2.5 倍。

（2）栓钉长度不应小于其杆径的 4 倍。

（3）栓钉沿梁轴线方向的间距不应小于杆径的 6 倍，垂直于梁轴线方向的间距不应小于杆径的 4 倍。

（4）用压型钢板作为底模的组合梁，栓钉杆直径不应大于 19 mm，混凝土凸肋宽度不应小于栓钉直径的 2.5 倍；栓钉高度 $h_d$ 应符合 $(h_e + 30) \leqslant h_d \leqslant (h_e + 75)$ 的要求。

3. 槽钢连接件和弯筋连接件的专项要求

槽钢连接件和弯筋连接件的专项要求如下。

（1）槽钢连接件一般采用 Q235 钢，截面不大于[12.6。

（2）弯筋连接件除应符合连接件统一要求外，尚应满足以下规定：弯筋连接件宜采用直径不小于 12 mm 的钢筋成对布置，用两条长度不小于 4 倍 HPB235 钢筋或 5 倍 HRB335 级钢筋直径的侧焊缝焊接于钢梁翼缘上，其弯起角度一般为 45°，弯折方向应与混凝土翼板对钢梁的水平剪力方向相同。在梁跨中纵向水平剪力方向变化的区段必须在两个方向均设置弯起钢筋，从弯起点起算的钢筋长度不宜小于其直径的 25 倍（HPB235 钢筋另加弯钩），其中水平段长度不宜小于其直径的 10 倍，如图 3 - 30 所示。弯筋连接件沿梁长度方向的间距不宜小于混凝土翼板（包括托板）厚度的 7/10 倍。

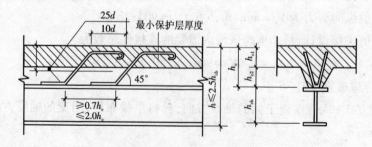

图 3 - 30　弯筋连接件的构造要求

# 3.4　组合梁的变形及构造要求

## 3.4.1　施工阶段的变形计算

在楼板的混凝土未达到强度设计值以前,全部荷载由组合梁中钢梁承受,所以施工阶段只需对钢梁进行计算,其计算内容为钢梁的正压力、剪应力、整体稳定和钢梁挠度。

1. 荷载计算

1) 永久荷载

永久荷载包括混凝土板、模板及钢梁的自重。

2) 可变荷载

可变荷载适当地增加了荷载,具体内容如下。

(1) 施工活荷载:工人、施工机具、设备等自重。

(2) 附加活荷载:附加管线、混凝土堆放、混凝土泵等以及过量的冲击效应。

2. 钢梁正应力计算

1) 单向弯曲

钢梁在单向弯矩 $M_x$ 的作用下,其截面的正应力满足下式要求:

$$\frac{M_x}{\gamma_x W_{nx}} \leqslant f \tag{3-42}$$

2) 双向弯曲

钢梁在双向弯矩 $M_x$ 和 $M_y$ 的共同作用下,其截面正应力应满足下式要求:

$$\frac{M_x}{\gamma_x W_{nx}} + \frac{M_y}{\gamma_y W_{ny}} \leqslant f \tag{3-43}$$

式中　$M_x$、$M_y$——绕 $x$ 轴和 $y$ 轴的弯矩设计值,对于工字形截面,$x$ 轴为强轴,$y$ 轴为弱轴;

　　　$W_{nx}$、$W_{ny}$——对 $x$ 轴和 $y$ 轴的净截面抵抗矩;

　　　$\gamma_x$、$\gamma_y$——截面塑性发展系数,工字形截面,$\gamma_x = 1.05$、$\gamma_y = 1.2$,箱形截面,$\gamma_x = \gamma_y = 1.05$;

　　　$f$——钢材的抗弯强度设计值。

当钢梁受压翼缘的自由外伸宽度 $b$ 与其厚度 $t$ 的比值 $b/t > 13\sqrt{235/f_y}$,但能满足下列公式要求时,应取 $\gamma_x = 1.0$。

工字形截面梁

$$\frac{b}{t} \leqslant 15\sqrt{\frac{235}{f_y}} \quad \gamma_x = 1.0 \tag{3-44}$$

箱形截面梁

$$\frac{b_0}{t} \leqslant 40\sqrt{\frac{235}{f_y}} \quad \gamma_x = 1.0 \tag{3-45}$$

式中　$b_0$——箱形截面梁受压翼缘板在两腹板之间的宽度,当受压翼缘板设置纵向加劲肋时,则为腹板与纵向加劲肋之间的翼缘板宽度;

$f_y$——钢材的屈服强度。

工字形与箱形钢梁截面形式见图 3-31。

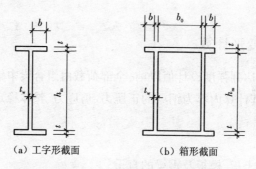

(a) 工字形截面　　　　　(b) 箱形截面

**图 3-31　钢梁截面示意图**

3. 钢梁剪应力计算

在主平面内受弯的实腹式钢梁,其腹板的剪应力 $\tau_1$ 应满足下列条件:

$$\tau_1 = \frac{V_1 S_0}{I t_w} \leqslant f_v \qquad (3-46)$$

式中　$V_1$——组合梁第一受力阶段(施工阶段)荷载,在钢梁部件中所产生的竖向剪力;

　　　$S_0$——验算剪应力的水平截面以上的腹板毛截面对中和轴的面积矩;

　　　$I$——钢梁毛截面的惯性矩;

　　　$t_w$——钢梁腹板的厚度;

　　　$f_v$——钢材的抗剪强度设计值。

4. 钢梁整体稳定性

组合梁中的钢梁部件,当其受压翼缘的自由长度与宽度比值超过表 3-1 中规定的限值时,应按式(3-47)验算楼板混凝土未凝固前的钢梁整体稳定性。

$$\frac{M_x}{\varphi_b W_x} \leqslant f \qquad (3-47)$$

式中　$M_x$——绕钢梁强轴的最大弯矩设计值;

　　　$W_x$——按受压翼缘确定的钢梁毛截面抵抗矩;

　　　$\varphi_b$——钢梁的整体稳定系数。

5. 钢梁挠度

组合梁施工阶段荷载短期效应组合,简支钢梁在均布荷载作用下的挠度,按下式计算:

$$f = \frac{5}{384} \frac{g l^4}{EI} \qquad (3-48)$$

式中　$g$——施工阶段作用于钢梁上的均布荷载值;

　　　$l$、$I$——钢梁的跨度和截面惯性矩;

　　　$E$——钢材的弹性模量。

## 3.4.2　使用阶段的变形计算

1. 适用范围及适用条件

在使用阶段,混凝土翼缘板达到强度的设计值时,混凝土翼缘板与钢梁形成了整体,应按组合梁进行计算。采用弹性理论计算时,要根据计算要求采用换算截面。使用阶段后加的荷载由组合梁来承受(称为第二受力阶段),此时钢梁的应力计算考虑两阶段的应力叠加,组合梁混凝土翼缘板的应力则只考虑使用阶段所加的应力影响。

1)适用范围

符合下列情况之一的组合梁,应按弹性理论解析截面分析和截面应力计算:

(1)组合梁内的钢梁翼缘或腹板板件的宽厚比值大于表 3－1 规定的限值,且其组合梁截面的中和轴位于钢梁腹板内;

(2)在设计荷载作用下,可能因交替发生受拉、受压屈服,使材料产生低周期疲劳破坏的构件。

2)适用条件

适用条件包括:

(1)当钢梁部件应力小于钢材的屈服强度,混凝土最大压应力小于 1/2 倍轴心抗压强度;

(2)若钢梁宽厚比较大,钢梁受力后,截面尚未出现塑性化以前,受压翼缘和腹板可能发生局部屈曲,这时不应按塑性理论计算,而应按弹性理论进行截面计算。

2. 组合梁正应力计算

1)计算假定

计算假定如下:

(1)钢材和混凝土均为理想的弹性材料;

(2)钢梁和混凝土板之间的相对滑移很小,可以忽略不计,截面在弯曲后仍保持平面;

(3)截面应变符合平截面假定;

(4)不考虑组合梁混凝土翼板内钢筋;

(5)不考虑混凝土开裂影响;

(6)当钢筋混凝土楼板下边设置板托时,截面计算时不考虑混凝土托板影响。

2)计算过程

当将组合梁中混凝土等效换算成钢材以后,即可认为组合梁的截面是由单一材料钢材组成,组合截面的正应力可以用材料力学的公式计算。

(1)当组合梁下设置临时支撑时,按一阶段受力设计,梁上的荷载全部由组合梁截面承担。不考虑混凝土徐变的影响时,其截面应力可按下式计算。

①中和轴在板内:

对钢梁上翼缘

$$\sigma_0^t = \frac{M}{W_0^t} \leqslant f \qquad\qquad (3-49)$$

对钢梁下翼缘

$$\sigma_0^b = \frac{M}{W_0^b} \leqslant f \qquad\qquad (3-50)$$

对组合梁顶部混凝土

$$\sigma_0^c = -\frac{M}{\alpha_E W_0^c} \leqslant f_c \tag{3-51}$$

②中和轴在板下：

对钢梁上翼缘

$$\sigma_0^t = \pm\frac{M}{W_0^t} \leqslant f \tag{3-52}$$

对钢梁下翼缘

$$\sigma_0^b = -\frac{M}{\alpha_E W_0^b} \leqslant f_c \tag{3-53}$$

对组合梁顶部混凝土

$$\sigma_0^c = -\frac{M}{\alpha_E W_0^c} \leqslant f_c \tag{3-54}$$

式中　$M$——全部荷载对组合梁产生的正弯矩；

　　　$f$——钢梁的抗拉和抗弯强度设计值；

　　　$f_c$——混凝土抗压强度设计值；

　　　$W_0^t$、$W_0^b$、$W_0^c$——组合梁的组合截面对钢梁上翼缘、下翼缘和混凝土顶的抵抗矩。

(2)当组合梁设置支撑时，按一阶段受力设计，梁上的荷载全部由组合截面承担。考虑混凝土徐变的影响时，其截面应力可按下式计算。

①中和轴在板内：

对钢梁下翼缘

$$\sigma_0^{bc} = \frac{M_g}{W_0^{bc}} + \frac{M_q}{W_0^b} \leqslant f \tag{3-55}$$

对组合梁顶部混凝土

$$\sigma_0^{cc} = -\frac{M_g}{2\alpha_E W_0^{cc}} - \frac{M_q}{\alpha_E W_0^c} \leqslant f_c \tag{3-56}$$

②中和轴在板下：

对钢梁下翼缘

$$\sigma_0^{bc} = \frac{M_g}{W_0^{bc}} + \frac{M_q}{W_0^b} \leqslant f \tag{3-57}$$

对组合梁顶部混凝土

$$\sigma_0^{cc} = -\frac{M_g}{2\alpha_E W_0^{cc}} - \frac{M_q}{\alpha_E W_0^c} \leqslant f_c \tag{3-58}$$

式中　$M_g$——永久荷载对组合梁产生的弯矩设计值；

　　　$M_q$——扣除永久荷载后的可变荷载对组合梁产生的弯矩设计值。

(3)当组合梁下不设置临时支撑时，按两个阶段受力设计，这时不考虑长期荷载作用下混凝土徐变的影响，其截面应力可按下式计算：

对钢梁下翼缘

$$\sigma_0^b = \frac{M_1}{\gamma_x W_{nc}} + \frac{M_2}{W_0^b} \leqslant f \tag{3-59}$$

对组合梁顶部混凝土

$$\sigma_0^c = -\frac{M_2}{\alpha_E W_0^c} \leqslant f_c \qquad (3-60)$$

式中　$M_1$——施工阶段的永久荷载对采用组合梁产生的弯矩设计值；

　　　　$M_2$——使用阶段的永久荷载与可变荷载对组合梁产生的弯矩设计值。

【例 3 - 5】　简支组合梁，跨度 $l = 6$ m，施工时钢梁下设临时支撑；混凝土板的计算宽度为 1 316 mm，混凝土板厚度为 100 mm，C20；钢梁采用工 25a 工字钢，钢号为 Q235，截面面积 $4.85 \times 10^3$ mm²，惯性矩 $50.2 \times 10^6$ mm⁴；使用阶段永久均布荷载 $g = 10.36$ kN/m，可变均布荷载 $q = 19.5$ kN/m，不考虑混凝土徐变。按弹性理论验算该组合梁截面在使用阶段的竖向受剪承载力。结构示意图如图 3 - 32 所示。

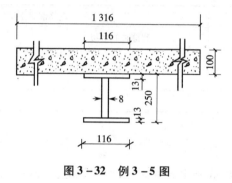

图 3 - 32　例 3 - 5 图

【解】　（1）剪力

$$V = \frac{1}{2}(g + q)l = 89.58 \text{ kN}$$

（2）截面特征

$$y_{sc} = 259 \text{ mm}$$

$$I_{sc} = 177.52 \times 10^6 \text{ mm}^4$$

$$S = 632\ 626 \text{ mm}^3$$

（3）验算剪应力

$$\tau_s = \frac{VS}{I_{sc}t_w} = \frac{89\ 580 \times 632\ 626}{177.52 \times 10^6 \times 8} = 39.90 \text{ N/mm}^2 < f_v = 125 \text{ N/mm}^2$$

因此，钢梁腹板的竖向受剪承载力满足要求。

## 3.4.3　组合梁的裂缝宽度计算

对于组合梁的负弯矩区段，往往由于负弯矩的作用，组合梁上部混凝土翼板处于受拉状态；而对于组合梁的正弯矩区段，当组合梁截面中和轴位于混凝土翼板内，中和轴以下的混凝土将处于受拉状态。当混凝土的拉应力值超过混凝土的抗拉强度时，混凝土表面将出现垂直于拉力方向的裂缝，使组合梁处于带裂缝工作状态。

组合梁中混凝土裂缝产生的原因主要有荷载作用、施工养护不良、温度变化、地基不均匀沉降以及钢筋锈蚀等。

### 1. 组合梁裂缝宽度验算

对于允许出现裂缝的组合梁,在荷载效应的标准组合下并考虑荷载准永久组合效应影响下的最大裂缝宽度应满足下式要求:

$$w_{max} \leqslant w_{lim} \tag{3-61}$$

式中　$w_{max}$——组合梁在荷载效应的标准组合下并考虑荷载长期效应影响的最大裂缝宽度;

　　　$w_{lim}$——组合梁的裂缝宽度限值,根据环境类别和《混凝土结构设计规范》(GB 50010—2002)中的裂缝控制的三个等级标准,可查表3－2确定。

**表3－2　组合梁的最大裂缝宽度限值 $w_{lim}$**

| 环境类别 | 钢筋混凝土结构 | |
| --- | --- | --- |
| | 裂缝控制等级 | $w_{lim}$/mm |
| 一 | 三 | 0.3(0.4) |
| 二 | 三 | 0.2 |
| 三 | 三 | 0.2 |

### 2. 组合梁最大裂缝宽度计算

连续组合梁的负弯矩段混凝土翼板受拉,产生裂缝。混凝土翼板的受拉状态近似于轴心受拉混凝土构件,其最大裂缝宽度 $w_{max}$ 可按混凝土轴心受拉构件计算,计算公式如下:

$$w_{max} = 2.7\psi \frac{\sigma_{sk}}{E_s}\left(2.7c + 0.11\frac{d_{eq}}{\rho_{te}}\right)\nu \tag{3-62}$$

$$\psi = 1.1 - \frac{0.65f_{tk}}{\rho_{te}\sigma_{sk}} \tag{3-63}$$

$$\rho_{te} = \frac{A_{st}}{b_{ce}h_{c1}} \tag{3-64}$$

$$\sigma_{sk} = \frac{M_k y_s}{I_{st}} = \frac{(1-\alpha_a)M_k y_s}{I_{st}} \tag{3-65}$$

$$\alpha_a = 0.13\left(1+\frac{1}{8\gamma_f}\right)^2\left(\frac{M_s}{M_p}\right)^{0.8} \tag{3-66}$$

$$\gamma_f = \frac{A_{st}f_{st}}{A_s f_p} \tag{3-67}$$

$$d_{eq} = \frac{\sum n_i d_i}{\sum n_i \nu_i d_i} \tag{3-68}$$

式中　$w_{max}$——连续组合梁负弯矩的最大裂缝宽度;

　　　$\psi$——裂缝间纵向受拉钢筋应变不均匀系数,当 $\psi<0.3$ 时取 $\psi=0.3$,当 $\psi>1.0$ 时取 $\psi=1.0$;

　　　$\sigma_{sk}$——荷载效应的标准组合作用下,组合梁负弯矩区段混凝土翼板内纵向受拉钢筋的应力值;

$c$——纵向钢筋保护层厚度(mm),当 $c < 20$ mm 时取 $c = 20$ mm,当 $c > 50$ 时取 $c = 50$ mm;

$d_{eq}$——受拉区纵向钢筋的直径(mm),当采用不同直径钢筋时,可按式计算;

$\rho_{te}$——按有效受拉混凝土面积计算的纵向受拉钢筋配筋率,当 $\rho_{te} \leqslant 0.008$ 时,取 $\rho_{te} = 0.008$;

$\nu$——受拉区纵向钢筋的相对黏结特征系数,对光圆钢筋为 0.7,对带肋钢筋为 1.0;

$f_{tk}$——混凝土的轴心抗拉强度标准值;

$A_{st}$——组合梁负弯矩区段混凝土翼板有效宽度范围内纵向钢筋的截面面积;

$h_{c1}$——混凝土翼板的厚度,当采用压型钢板组合楼板时,$h_{c1}$ 应等于组合梁板的总厚度减去压型钢板的肋高;

$M_k$——荷载效应的标准组合下最大弯矩标准值;

$y_s$——钢筋截面重心至组合梁换算截面塑性中和轴的距离;

$\alpha_a$——连续组合梁中间支座负弯矩的调整系数;

$M_s$——荷载效应的标准组合梁作用下按弹性方法计算的连续组合梁中间支座负弯矩值;

$I_{st}$——钢梁与混凝土翼板有效宽度内纵向钢筋形成的支座截面惯性矩;

$M_p$——组合梁计算截面的塑性弯矩;

$\gamma_f$——混凝土翼板有效宽度内纵向钢筋形成的支座截面惯性矩;

$A_s$——组合梁中钢梁的截面面积;

$f_{st}$——钢筋的塑性抗拉强度设计值,取钢材屈服强度 $f_y$ 的 9/10;

$f_p$——钢材的塑性抗拉或抗压强度设计值,等于钢材屈服强度 $f_y$;

$\nu_i$——受拉区第 $i$ 种纵向钢筋的相对黏结特征系数,对光圆钢筋为 0.7,对带肋钢筋为 1.0;

$d_i$——受拉区第 $i$ 种纵向钢筋的直径。

**【例 3 - 6】** 一工程工作平台组合梁的截面尺寸如图 3 - 33 所示,梁的计算跨度 $l = 12$ m,承受均布荷载。混凝土采用 C30,钢材采用 Q235,栓钉间按等间距布置,间距为 75 mm,单个栓钉连接件受剪承载力 $N_v^c = 56.63$ kN,作用在组合梁上的永久荷载标准值 $g_k = 26$ kN/m,活荷载标准值 $q_k = 28$ kN/m,准永久系数 $\varphi_q = 0.80$,组合梁施工时钢梁下加临时支撑,自重和使用阶段活荷载全部由组合梁承担,验算该组合梁的挠度是否满足要求。

**【解】** C30 混凝土:$f_{ck} = 20.1$ N/mm$^2$,$E_c = 3.0 \times 10^4$ N/mm$^2$

Q235 钢:$E = 206 \times 10^3$ N/mm$^2$

(1)截面几何特征计算

(Ⅰ)钢梁的截面面积和惯性矩

$$A = 20 \times 400 \times 2 + 16 \times (500 - 40) = 233\ 360 \text{ mm}^2$$

$$I = \frac{1}{12} \times 16 \times (500 - 40)^3 + 2 \times \frac{1}{12} \times 400 \times 20^3 + 2 \times 400 \times 20 \times (250 - 10)^2$$

$$= 1.05 \times 10^9 \text{ mm}^4$$

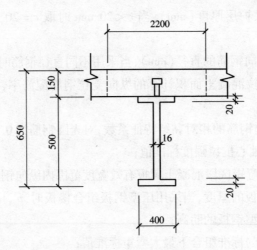

图 3 – 33　例 3 – 6 图

（Ⅱ）按荷载的标准效应组合值要求计算

$$\alpha_E = c = \frac{206 \times 10^3}{3.0 \times 10^4} = 6.87$$

$$b_{eq} = \frac{b_e}{\alpha_e} = \frac{2\,200}{6.87} = 320 \text{ mm}$$

$$y_0 = \frac{23\,360 \times 40 + 320 \times 150 \times 75}{23\,360 + 320 \times 150} = 181.4 \text{ mm}$$

$$I_{eq} = \frac{1}{12} b_{eq} h_{c1}^3 + b_{eq} h_{c1} (y_0 - 0.5 \times h_{c1})^2 + I + A(y - y_0)^2$$

$$= \frac{320}{12} \times 150^3 + 320 \times 150 \times (181.4 - 0.5 \times 150)^2 + 1.05 \times 10^9$$

$$+ 23\,360 \times (400 - 181.4)^2$$

$$= 2.35 \times 10^9 \text{ mm}^4$$

（2）抗弯刚度计算

（Ⅰ）按荷载的标准效应组合值要求计算

$$A_{cf} = 2\,200 \times 150 = 330\,000 \text{ mm}^2$$

有效折算面积

$$A_0 = \frac{A_{cf} A}{\alpha_E A + A_{cf}} = \frac{330\,000 \times 23\,360}{6.87 \times 23\,360 + 330\,000} = 15\,717 \text{ mm}^2$$

混凝土翼缘板的惯性矩

$$I_{cf} = \frac{1}{12} \times 2\,200 \times 150^3 = 6.19 \times 10^8 \text{ mm}^4$$

$$I_0 = I + \frac{I_{cf}}{\alpha_E} = 1.05 \times 10^9 + \frac{6.19 \times 10^8}{6.87} = 1.14 \times 10^9 \text{ mm}^4$$

$$A_1 = \frac{I_0 + A_0 d_c^2}{A_0} = \frac{1.14 \times 10^9 + 15\,717 \times (250 + 75)^2}{15\,717} = 1.78 \times 10^5 \text{ mm}^2$$

$$j = 0.81 \sqrt{\frac{n_s k A_1}{E I_0 p}} = 0.81 \times \sqrt{\frac{1 \times 5.663 \times 10^4 \times 1.78 \times 10^5}{206 \times 10^3 \times 1.14 \times 10^9 \times 75}} = 6.13 \times 10^{-4} \, \text{mm}^{-1}$$

$$\zeta = \eta \left[ 0.4 - \frac{3}{(jl)^2} \right] = 0.54 \times \left[ 0.4 - \frac{3}{(6.13 \times 10^{-4} \times 12\,000)^2} \right] = 0.19$$

$$\eta = \frac{36 E d_c p A_0}{n_s k h l^2} = \frac{36 \times 206 \times 10^3 \times 325 \times 75 \times 15\,717}{1 \times 566\,30 \times 650 \times 12\,000^2} = 0.54$$

$$B_1 = \frac{E I_{eq}}{1 + \zeta} = \frac{206 \times 10^3 \times 2.8 \times 10^9}{1 + 0.19} = 484.7 \times 10^{12} \, \text{mm}^2$$

（Ⅱ）按荷载的准永久组合值计算

$$A_0 = \frac{A_{cf} A}{2 \times \alpha_E A + A_{cf}} = \frac{330\,000 \times 23\,360}{2 \times 6.87 \times 23\,360 + 330\,000} = 11\,842 \, \text{mm}^2$$

$$I_0 = I + \frac{I_{cf}}{2 \times \alpha_E} = 1.05 \times 10^9 + \frac{6.19 \times 10^8}{2 \times 6.87} = 1.1 \times 10^9 \, \text{mm}^4$$

$$A_1 = \frac{I_0 + A_0 d_c^2}{A_0} = \frac{1.1 \times 10^9 + 11\,842 \times (250 + 75)^2}{11\,842} = 1.99 \times 10^5 \, \text{mm}^2$$

$$j = 0.81 \sqrt{\frac{n_s k A_1}{E I_0 p}} = 0.81 \times \sqrt{\frac{1 \times 5.663 \times 10^4 \times 1.99 \times 10^5}{206 \times 10^3 \times 1.1 \times 10^9 \times 75}} = 6.6 \times 10^{-4} \, \text{mm}^{-1}$$

$$\eta = \frac{36 E d_c p A_0}{n_s k h l^2} = \frac{36 \times 206 \times 10^3 \times 325 \times 75 \times 11\,842}{1 \times 56\,630 \times 650 \times 12\,000^2} = 0.404$$

$$\zeta = \eta \left[ 0.4 - \frac{3}{(jl)^2} \right] = 0.404 \times \left[ 0.4 - \frac{3}{(6.6 \times 10^{-4} \times 12\,000)^2} \right] = 0.142$$

$$B_2 = \frac{E I_{eq}}{1 + \zeta} = \frac{206 \times 10^3 \times 2.35 \times 10^9}{1 + 0.142} = 423.91 \times 10^{12} \, \text{mm}^2$$

（3）挠度验算

（Ⅰ）按荷载效应标准组合值要求计算

$$p_k = g_k + q_k = 26 + 28 = 54 \, \text{kN/m}$$

$$f_k = \frac{5 p_k l_0^4}{384 B} = \frac{5 \times 54 \times 12\,000^4}{384 \times 423.91 \times 10^{12}} = 30.09 \, \text{mm}$$

（Ⅱ）按荷载效应永久组合值要求计算

$$p_q = g_k + \varphi_q p_k = 16 + 0.80 \times 28 = 38.4 \, \text{kN/m}$$

$$f_q = \frac{5 p_q l_0^4}{384 B} = \frac{5 \times 38.4 \times 12\,000^4}{384 \times 423.91 \times 10^{12}} = 24.46 \, \text{mm}$$

（Ⅲ）挠度验算

$$f_k = 30.09 \, \text{mm} > f_q = 24.46 \, \text{mm}$$

$$\frac{f_k}{l_0} = \frac{30.09}{12\,000} = \frac{1}{399} \approx \frac{1}{400}$$

所以组合梁的挠度符合要求。

3. 组合梁的裂缝控制措施

根据式（3 - 62）可知，为了能够有效地控制连续组合梁的裂缝宽度，可通过以下几个措施来解决：

（1）使用直径较小的变形钢筋，可以有效地增大钢筋和混凝土之间的黏结作用，减小连续组合梁混凝土翼板的裂缝开展；

（2）减小混凝土的收缩，避免因收缩进一步加大裂缝宽度；

（3）保证连续组合梁中钢梁与混凝土翼板之间的抗剪连接程度，可减小滑移的不利影响；

（4）对使用要求较高的组合梁，可通过在负弯矩区混凝土翼板内施加预应力来控制裂缝的产生和开展。

### 3.4.4　组合梁的构造要求

1. 组合梁截面尺寸要求

1) 组合梁的高跨比

组合梁高跨比应满足下式要求：

$$h \geqslant \left( \frac{1}{16} \sim \frac{1}{15} \right) l \tag{3-69}$$

2) 组合梁的钢梁高度

为了使钢梁的抗剪强度能够较好地与组合梁的抗弯强度相协调，钢梁的截面高度应满足下式要求：

$$h_s \geqslant \frac{h}{2.5} \tag{3-70}$$

式中　$h$——组合梁的截面高度；

$l$——组合梁的跨度；

$h_s$——组合梁的钢梁截面高度。

2. 组合梁中混凝土翼板和板托的构造要求

组合梁在设计过程中，其混凝土翼板和板托应符合下列构造要求。

1) 板厚的要求

板厚要求如下：

（1）组合梁的混凝土翼板采用压型钢板与混凝土组合板时，其组合板的总厚度不应小于 90 mm，且压型钢板的凸肋顶面至混凝土翼板顶面的距离不小于 50 mm；

（2）当组合梁的混凝土翼板采用普通钢筋混凝土板时，混凝土板的总厚度不应小于 100 mm；

（3）组合梁中混凝土翼板厚度一般以 10 mm 为模数，可采用 100 mm、120 mm、140 mm、160 mm，对承受较大荷载的组合梁，其厚度可采用 180 mm、200 mm 或更大的板厚。

2) 板托的尺寸要求

当组合梁混凝土翼板采用压型钢板与混凝土组合板时，组合梁一般不设板托，当组合梁的混凝土翼板采用普通钢筋混凝土板时，为了提高组合梁的承载能力及节约钢材，可设置混凝土板托。板托的截面尺寸应符合下列要求。

（1）混凝土板托的高度 $h_{c2}$ 不应大于混凝土翼板厚度 $h_{c1}$ 的 1.5 倍。

（2）混凝土板托顶面的宽度 $b_t$。当钢梁截面为上、下翼缘宽度相同的工字型钢梁或 H 型钢时,其 $b_t$ 不宜小于板托高度 $h_{c2}$ 的 1.5 倍;当钢梁截面为上窄、下宽的单轴对称工字型钢梁或 H 型钢时,其 $b_t$ 不宜小于钢梁上翼缘宽度 $b_f$ 与板托高度 $h_{c2}$ 之和的 1.5 倍。

（3）为了使托板中抗剪连接件的连接性能可靠,托板边至抗剪连接件的外侧距离不得小于 40 mm。

（4）板托外形轮廓应在由连接件根部起的 45°线界限以外,如图 3 – 34 所示。

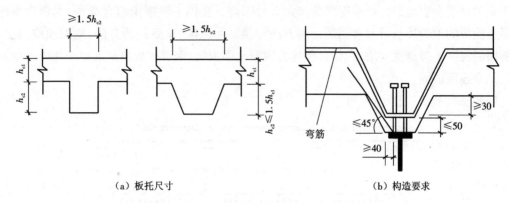

（a）板托尺寸　　　　　　　　　（b）构造要求

**图 3 – 34　组合梁的混凝土板托尺寸与构造要求**

3）边梁的尺寸要求

组合梁边梁的混凝土翼板构造应满足图 3 – 35 所示的构造要求。当有板托时,其外伸长度不宜小于 $h_{c2}$;当无板托时,应满足伸出钢梁中心线的长度不应小于 150 mm 且伸出钢梁的上翼缘边的长度不小于 50 mm 的要求。

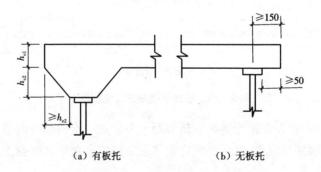

（a）有板托　　　　　　　　　（b）无板托

**图 3 – 35　边梁混凝土翼板的最小外伸长度**

4）配筋的要求

配筋的要求如下:

（1）在连续组合梁的中间支座负弯矩区段,混凝土翼板内的上部纵向钢筋应伸过组合梁的反弯点,且留有足够的锚固长度或弯钩;

（2）连续组合梁的混凝土翼板内,其下部纵向钢筋在中间支座处应连续通过,不得中断,若钢筋长度不够,可在其他部位连接;

（3）为了避免接近抗剪连接件根部处的混凝土受局部压力而产生的劈裂,抗剪连接件根部配筋需加强,且板托中横向钢筋的下部水平段与钢梁之间的距离 $b$ 不得大于 50 mm;

（4）为了保证抗剪连接件的工作和抗掀起力，连接件抗掀起端底部应高出横向钢筋下部水平段的距离 $e$ 不得小于 30 mm；

（5）托板内的横向钢筋间距不应大于 $4c$（$c$ 为抗剪连接件在横向钢筋以上的外伸长度），且不得大于 400 mm。

3. 组合梁负弯矩区处理措施

连续钢 - 混凝土组合梁在负弯矩区会产生混凝土受拉、钢梁受压的不利情况，特别是混凝土板的开裂会引起组合梁刚度降低和耐久性下降。在钢 - 混凝土组合梁中，对负弯矩区混凝土面板的裂缝控制目前常用的处理方法有预加荷载法、支座预顶升法、施加预应力法、配筋限制混凝土裂缝宽度法、后结合预应力混凝土面板法、钢梁底板浇筑混凝土法以及增强钢混结合强度法等。

1）预加荷载法（见图 3 - 36）

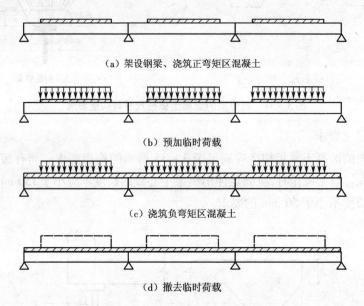

（a）架设钢梁、浇筑正弯矩区混凝土

（b）预加临时荷载

（c）浇筑负弯矩区混凝土

（d）撤去临时荷载

**图 3 - 36　预加荷载法施工流程图**

钢梁施工完成后，首先在正弯矩区浇筑混凝土和施加一定的临时荷载，使得支点附近钢梁负弯矩区产生足够的预应力；然后在预应力状态下浇筑负弯矩区混凝土，混凝土达到设计强度后，撤去临时荷载。

2）支座预顶升法（见图 3 - 37）

在浇筑混凝土前，将连续梁的中间支座上顶一定的高度，使负弯矩区的钢梁承受一定的负弯矩，然后在钢梁上浇筑混凝土面板，待混凝土达到一定强度后，下降中间支座至设计高度，使负弯矩区混凝土面板受压，从而使混凝土面板中产生了预压应力。

在负弯矩区，该预压应力可以部分或全部抵消由荷载产生的负弯矩中混凝土板的拉应力，从而达到消除裂缝或减少裂缝宽度的作用。

3）施加预应力法（见图 3 - 38）

施加预应力法分为体内预应力法和体外预应力法。

体内预应力法是在组合梁结构支点负弯矩区的混凝土板中设置预应力钢束，给混凝土

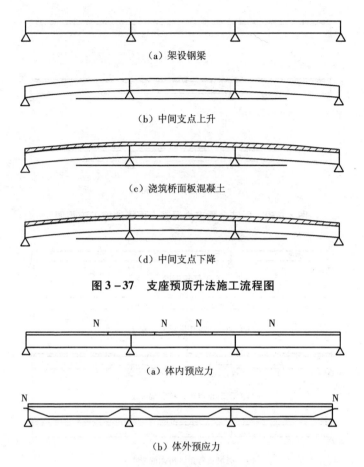

（a）架设钢梁

（b）中间支点上升

（c）浇筑桥面板混凝土

（d）中间支点下降

**图 3 - 37　支座预顶升法施工流程图**

（a）体内预应力

（b）体外预应力

**图 3 - 38　施加预应力法施工流程图**

面板提供一定的预压应力，以有效控制支点处混凝土的拉应力，使支点处混凝土在一定程度上保持受压状态，推迟负弯矩区混凝土板的裂缝的产生，减少裂缝宽度。

体外预应力法是在组合梁结构的钢梁内设置预应力钢束，给混凝土面板施加预压应力，使预应力抵抗外荷载产生的荷载效应，降低截面的应力水平，提高负弯矩区的开裂荷载。

4）配筋限制混凝土裂缝宽度法

配筋限制混凝土裂缝宽度法是目前工程中应用较多的一种方法，在负弯矩区混凝土板中配置足够多的钢筋，控制混凝土板的开裂，使混凝土板的裂缝宽度限制在容许值以内。通常在混凝土面板配筋率达 3% ~ 4.5% 时，混凝土的裂缝宽度可以限制在 0.2 mm 以内，可以满足结构的耐久性的要求。

5）后结合预应力混凝土面板法（见图 3 - 39）

后结合预应力混凝土面板法是采用先张法或后张法预制混凝土面板，待预应力张拉后将预应力混凝土面板与钢梁组合。为使钢梁与混凝土预制板组合，钢梁上翼缘焊钉连接件采用群钉构造形式，并在混凝土预制板相应位置处留有预留孔或后浇接缝，待预制板安装后，在预留孔或后浇接缝处灌注高强砂浆使钢梁与混凝土预制板组合。

6）钢梁底板浇筑混凝土法（见图 3 - 40）

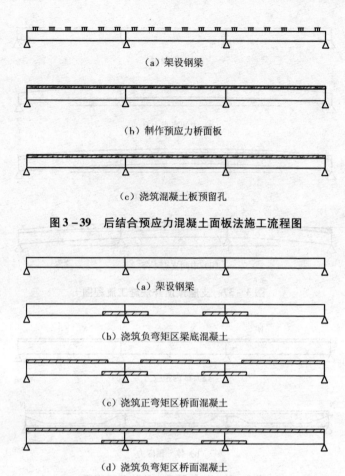

（a）架设钢梁

（b）制作预应力桥面板

（c）浇筑混凝土板预留孔

**图3-39　后结合预应力混凝土面板法施工流程图**

（a）架设钢梁

（b）浇筑负弯矩区梁底混凝土

（c）浇筑正弯矩区桥面混凝土

（d）浇筑负弯矩区桥面混凝土

**图3-40　钢梁底板浇筑混凝土法施工流程图**

钢梁底板浇筑混凝土法主要适用于钢箱梁，该法是在连续梁负弯矩区钢箱梁底板上浇筑一定厚度的混凝土，然后浇筑跨径中部负弯矩区以外的混凝土，最后用高强无收缩混凝土浇筑负弯矩区。底板浇筑的混凝土主要用来抵抗浇筑跨径中部负弯矩区混凝土后产生的压应力，同时能提高组合梁整体刚度和稳定性。

7）增强钢混结合强度法

增强钢混结合强度法是在负弯矩区钢梁翼缘加密布置焊钉，并在焊钉处设置十字交叉的补强钢筋网的一种方法。该方法通过增强混凝土面板与钢梁的结合强度，使负弯矩区混凝土中部分拉应力由抗拉强度高的钢梁上翼缘来承担，从而减少负弯矩区混凝土板裂缝的产生，降低裂缝宽度。

# 第4章　圆钢管混凝土柱

## 4.1　概述

### 4.1.1　圆钢管混凝土柱的受力特性

圆钢管混凝土柱是在圆钢管中浇筑混凝土而成的柱子形式,利用钢管和混凝土两种材料在受力过程中的相互作用,通过钢管对其核心混凝土的约束作用来提高混凝土的强度,改善其塑性和韧性。同时,由于混凝土的存在延缓或避免钢管发生局部屈曲,不仅可以弥补两种材料各自的缺点,而且能够充分发挥二者的优点。

圆钢管混凝土的基本工作性能如下:

(1)圆形钢管对核心混凝土的套箍约束作用,使核心混凝土处于三向受压状态,从而使核心混凝土有更高的抗压强度和压缩变形能力;

(2)内填混凝土对钢管有支撑作用,增强了钢管壁的局部稳定性,从而提高了其承载力,在这种情况下,不仅钢管和混凝土材料本身的性质对钢管混凝土的影响很大,而二者的几何特性和物理参数如何匹配,也将对钢管混凝土力学性能有非常重要的影响。

对于构件,尤其是长细比较大的钢管混凝土构件,由于混凝土的存在,构件的屈曲模态表现出很大的不同,从而使钢管混凝土构件的极限承载力与同等长度的空钢管相比具有很大的提高,核心混凝土的贡献主要是防止钢管过早发生屈曲,从而使构件的承载力和塑性得到提高,这时混凝土材料本身的性质,例如强度的变化对钢管混凝土构件性能的变化影响则不明显。

圆钢管混凝土短柱试件(图 4 – 1),在纵向轴心压力 $N$ 的作用下,产生纵向压应变 $\varepsilon_3$,由此将引起钢管和核心混凝土的环向应变 $\varepsilon_{1s}$ 和 $\varepsilon_{1c}$,它们按下式计算:

$$\varepsilon_{1s} = \nu_s \varepsilon_3, \quad \varepsilon_{1c} = \nu_c \varepsilon_3 \qquad (4-1)$$

式中　$\nu_s, \nu_c$——钢管和混凝土的泊松比。

钢材在弹性工作阶段,$\nu_s = 0.25 \sim 0.3$,平均值 0.283,达到塑性阶段时 $\nu_s = 0.5$。混凝土的弹性模量 $\nu_c$ 则随其纵向压应力的大小而改变,应力较低时为 0.17,随着压应力增大而增加到 0.5 甚至更高,达极限状态时,由于纵向开裂,$\nu_c$ 甚至大于 1.0。

由此可见,圆钢管混凝土构件在轴压力 $N$ 作用下,开始时 $\nu_c < \nu_s$;待钢管纵向压应力 $\sigma_3 \approx f_p$(比例极限)时 $\nu_c \approx \nu_s$。因此,当轴压力 $N$ 继续增大,钢管应力超过比例极限后 $\nu_c > \nu_s$,即 $\varepsilon_{1c} > \varepsilon_{1s}$。此时,核

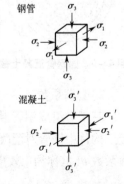

钢管

混凝土

**图 4 – 1　钢材和混凝土三向受力状态图**

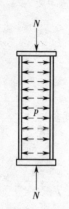

**图4-2　紧箍力 $p$**

心混凝土向外膨胀大于钢管直径扩张,这就使钢管对混凝土有了紧箍作用,阻碍了混凝土直径的进一步扩张。由此产生钢管与混凝土之间相互作用力 $p$,称为紧箍力(见图4-2)。此时钢管和混凝土都处于三向受力状态,并且在圆形钢管截面中,紧箍力分布均匀,相比于其他截面来说,约束效应最好。

钢管混凝土轴心受压时产生紧箍效应,是钢管混凝土具有特殊性能的基本原因。钢管和混凝土在三向应力状态下,与单向受压不同,其本构关系有所变化。图4-3显示了钢材在三向应力状态下的本构关系,最上一条曲线是单向受压下的情况,下面的曲线是三向应力状态异号应力场时应力应变关系,可见三向应力(纵向受压、环向受拉)状态下,钢材的屈服强度 $f_y$ 降低,而极限应变却增大,即强度下降,塑性变形能力增大。

混凝土在三向受压应力状态下,抗压强度提高,弹性模量也提高,塑性变形能力大大增强,如图4-4所示最下一条曲线。

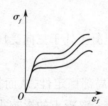

**图4-3　钢材应力-应变曲线**

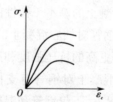

**图4-4　混凝土应力-应变曲线**

圆钢管混凝土的设计主要包含以下控制指标。

1)含钢率

钢管混凝土杆件的含钢率 $\alpha_{sc}$ 是指钢管截面面积 $A_s$ 与内填混凝土截面面积 $A_c$ 的比值(见图4-5),即

$$\alpha_{sc} = A_s/A_c \approx 4t/D$$

式中　$D,t$ ——钢管的外直径和壁厚。

为了确保空钢管的局部稳定,含钢率 $\alpha_{sc}$ 不应小于4%,它相当于径厚比 $D/t = 100$。对于Q235钢,宜取 $\alpha_{sc} = 4\% \sim 12\%$;一般情况下,比较合适的含钢率为 $\alpha_{sc} = 6\% \sim 10\%$。

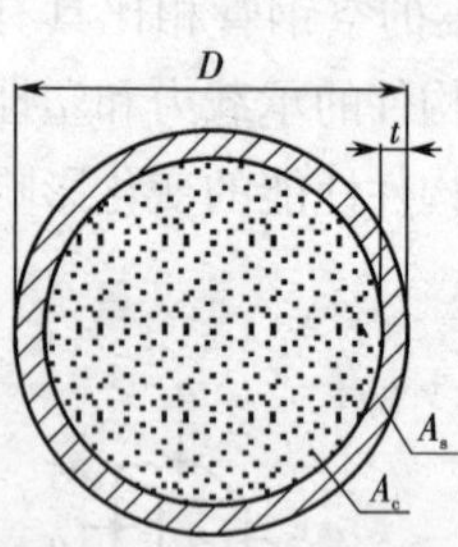

**图4-5　圆钢管混凝土截面**

2)套箍系数

基于对组成钢管混凝土的钢管及其核心混凝土的相互作用的基本认识,为反映钢管混凝土构件中钢管对混凝土约束作用的大小,描述钢管与混凝土之间的相互作用,引入参数套箍系数 $\theta$(也称约束效应系数),按下式定义为

$$\theta = \frac{A_s f_y}{A_c f_{ck}} = \alpha_{sc}\frac{f_y}{f_{ck}} \tag{4-2}$$

式中　$f_y$ ——钢材屈服强度;

　　　$f_{ck}$ ——混凝土轴心抗压强度标准值。

对某一特定的截面,约束效应系数 $\theta$ 可以反映出组成钢管混凝土截面的钢材和混凝土的几何特征及物理特性参数的影响。$\theta$ 值越大,表明钢材所占比重大,混凝土比重相对较小;反之,$\theta$ 值越小,表明钢材所占比重小,混凝土比重相对较大。在工程常用参数范围内($\alpha_{sc} = 4\% \sim 20\%$,Q235 ~ Q420 钢材,C30 ~ C80 混凝土,$\theta = 0.3 \sim 5$),约束效应系数 $\theta$ 对钢管混凝土性能的影响主要表现在:$\theta$ 值越大,则受力过程中钢管对核心混凝土提供足够的约束作用,混凝土强度和延性的增加相对较大;反之,$\theta$ 值越小,则钢管对核心混凝土提供的约束作用将随之减少,混凝土强度和延性的增加就越小。

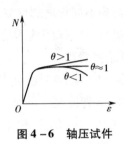

图 4 - 6　轴压试件
工作的三种类型

研究表明,约束效应系数 $0.4 < \theta < 1$ 时,钢管对核心混凝土的约束力不大,曲线有下降段,此时 $N$ - $\varepsilon$ 关系曲线如图 4 - 6 下方曲线所示。随着约束效应系数的减小,塑性阶段越来越短,当 $\theta = 0.4 \sim 0.5$ 时,几乎无塑性阶段,呈脆性破坏;当 $\theta \approx 1$ 时,工作分为弹性、弹塑性和塑性三个阶段,此时 $N$ - $\varepsilon$ 关系曲线如图 4 - 6 中间曲线所示;当 $\theta > 1$ 时,工作分为弹性、弹塑性和强化三个阶段,此时 $N$ - $\varepsilon$ 关系曲线如图 4 - 6 上方曲线所示。实际工程中,最常遇到的是第二、三种类型,即 $\theta \geqslant 1$。

基于圆钢管与混凝土的协同作用,关于圆钢管混凝土柱出现了两类计算方法:一种是统一理论计算方法,即把钢管混凝土视为统一体,基于大量的试验数据和分析数据,拟合得到系列计算参数,形成一套计算方法;另一种是拟混凝土计算方法,总体上将圆钢管混凝土柱作为一种混凝土柱,钢管的作用是通过套箍系数来提高混凝土的强度。

## 4.1.2　圆钢管混凝土柱的优缺点

圆钢管混凝土柱利用了钢管和混凝土两种材料在受力过程中的相互作用,具有如下优点。

(1)承载力高、质量轻。在钢管中填充混凝土形成圆钢管混凝土后,钢管约束了混凝土,在轴心受压荷载作用下,混凝土三向受压,可延缓其受压时的纵向开裂。同时混凝土可以延缓或避免薄壁钢管过早地发生局部屈曲。两种材料相互弥补了彼此的弱点,可以充分发挥彼此的长处,从而使圆钢管混凝土具有很高的承载力,一般都高于组成圆钢管混凝土的钢管和核心混凝土单独受荷时的极限承载力的叠加。分析证明:圆钢管混凝土中的混凝土,由于钢管产生的紧箍效应,抗压强度可提高一倍;而整个构件的抗压承载力为钢管和核心混凝土单独承载力之和的 1.7 ~ 2.0 倍,此外圆钢管混凝土的抗剪和抗扭性能也很好。相同承载力情况下,其自重较钢筋混凝土结构大为减轻。

(2)具有良好的塑性和韧性。混凝土(尤其高强度混凝土)的脆性相对较大,如果将混凝土灌入钢管中形成圆钢管混凝土,混凝土在钢管的约束下,其脆性可得到有效改善,塑性性能得到提高。试验表明,圆钢管混凝土受压破坏时,可以压缩到原长的 2/3,呈多折腰鼓形破坏,完全没有脆性破坏的特征。此外,圆钢管混凝土构件在反复水平荷载下滞回曲线饱满,延性好、耗能能力高、刚度退化小,具有良好的抗震性能。

(3)制作、施工方便快捷。与钢筋混凝土柱相比,采用圆钢管混凝土时没有绑扎钢筋、支模和拆模等工序,施工简便;与钢结构构件相比,圆钢管混凝土的构造通常更为简单,焊缝少,更易于制作,特别是在圆钢管混凝土中可更为广泛地采用薄壁钢管,因而进行钢管的现场拼接对焊更为简便快捷;与普通钢柱相比,圆钢管混凝土的柱脚零件少、焊缝短,可以直接插入混凝土基础的预留杯口中,柱脚构造更为简单。

(4)耐火性能好。圆钢管混凝土构件耐火性能虽不如钢筋混凝土构件,但圆钢管混凝土构件在火灾作用下,由于核心混凝土可吸收其外围钢管传来的热量,从而使其外包钢管的升温滞后,这样圆钢管混凝土中钢管的承载力损失要比纯钢结构的相对更小;火灾作用后,随着外界温度的降低,圆钢管混凝土柱已屈服截面处钢管的强度可以得到不同程度的恢复,截面的力学性能比高温下有所改善,结构的整体性比火灾中也将有所提高,这不仅为结构的加固补强提供了一个较为安全的工作环境,也可减少补强工作量,降低维修费用。

(5)经济效益好。采用圆钢管混凝土可以很好地发挥钢材和混凝土的力学特性,使其优点得到更为充分和合理的发挥。不少工程实际的经验均表明:采用圆钢管混凝土的承压构件比普通混凝土承压构件约可节约混凝土50%,减轻结构自重50%左右;与钢结构相比,可节约钢材50%左右;圆钢管混凝土柱的防锈费用也会较空钢管柱有所降低。

此外,圆钢管混凝土结构强度在任意方向都是等效的,这对于抵抗方向不确定的地震作用是很有效的,在那些有任意方向交通流的地方,例如公共建筑的大厅、车站、车库等采用圆钢管混凝土柱更为合理。圆钢管混凝土结构的阻尼比介于钢结构与混凝土结构之间,在高层建筑结构中具有比钢结构更加优越的动力性能,能减轻风致摆动,增加舒适度。圆钢管混凝土耐腐蚀性与钢结构类似。

Webb 和 Peyon 通过分析,给出了多高层建筑采用不同类型的柱子时,其相对于钢筋混凝土柱综合造价的比较情况,如表4－1所示。

表4－1　柱结构经济效益比较

| 建筑层数 | 钢筋混凝土 | 钢筋混凝土(内配钢筋) | 劲性混凝土 | 圆钢管混凝土(内配钢筋) | 圆钢管混凝土 | 钢结构 |
|---|---|---|---|---|---|---|
| 10 | 1 | 1.22 | 1.53 | 1.16 | 1.1 | 2.27 |
| 30 | 1 | 1.13 | 1.85 | 1.11 | 1.02 | 2.61 |

圆钢管混凝土结构有着很多的优点,但是由于它自身的特性也存在如下相应的缺点。

(1)圆钢管混凝土柱与 H 型钢梁的接触面为圆弧面,连接节点不便,节点构造较为复杂,如图4－7所示。

(2)圆钢管混凝土柱截面为圆形,在室内使用通常需要通过装修改成矩形,占用较多的室内空间。

# 4.2　基于统一理论的计算方法

哈尔滨工业大学和福州大学等高校和研究机构研究的钢管混凝土柱的统一理论是在大量钢管混凝土柱试验的基础上,对试验得到的数据加以汇总分析,通过数学统计和数据拟合

图4-7　圆钢管混凝土柱-H型钢梁外环板节点构造

的方法得出钢管混凝土柱的各影响因素与承载力间的相互关系。"统一理论"的含义是:把钢管混凝土视为统一体,它是一种具有固有特性的组合材料,用组合性能指标计算其承载力和变形。它的性能是随着物理参数、几何参数、应力状态和截面形式的改变而改变的,变化是连续的、相关的和统一的。

## 4.2.1　单肢钢管混凝土柱在单一受力状态下承载力与刚度计算

(1)圆形钢管混凝土柱在单一受力状态下承载力应满足下列要求:

$$N \leqslant N_u \tag{4-3}$$

$$N_t \leqslant N_{ut} \tag{4-4}$$

$$V \leqslant V_u \tag{4-5}$$

$$T \leqslant T_u \tag{4-6}$$

$$M \leqslant M_u \tag{4-7}$$

式中　$N$、$N_t$、$V$、$T$、$M$——作用于构件的轴心压力、轴心拉力、剪力、扭矩、弯矩设计值;

$N_u$、$N_{ut}$、$V_u$、$T_u$、$M_u$——圆形钢管混凝土构件的轴心受压、稳定、受拉、受剪、受扭、受弯承载力设计值。

(2)圆形钢管混凝土短柱的轴心受压强度承载力设计值应按下列公式计算:

$$N_0 = A_{sc} f_{sc} \tag{4-8}$$

式中　$N_0$——圆形钢管混凝土短柱的轴心受压承载力设计值;

$A_{sc}$——圆形钢管混凝土构件的截面面积,等于钢管和管内混凝土面积之和;

$f_{sc}$——圆形钢管混凝土抗压强度设计值,按式(4-9)计算,即

$$f_{sc} = (1.212 + B\theta + C\theta^2) f_c \tag{4-9}$$

$$\alpha_{sc} = \frac{A_s}{A_c} \tag{4-10}$$

$$\theta = \alpha_{sc} \frac{f}{f_c} \tag{4-11}$$

式中 $A_s$、$A_c$——钢管、管内混凝土的面积；

$\alpha_{sc}$——圆形钢管混凝土构件的含钢率，按式(4-10)计算；

$\theta$——圆形钢管混凝土构件的套箍系数，按式(4-11)计算；

$f$——钢材的抗压强度设计值；

$f_c$——混凝土的抗压强度设计值；

$B$、$C$——截面形状对套箍效应的影响系数，$B = 0.176f/213 + 0.974$，$C = -0.104f_c/14.4 + 0.031$。

(3)圆形钢管混凝土构件的轴心受拉承载力设计值应按下式计算：

$$N_{ut} = C_1 A_s f \qquad (4-12)$$

式中 $N_{ut}$——圆形钢管混凝土构件轴心受拉承载力设计值；

$C_1$——圆形钢管受拉强度提高系数，取 $C_1 = 1.1$。

(4)圆形钢管混凝土构件的受剪承载力设计值应按下式计算：

$$V_u = 0.71 f_{sv} A_{sc} \qquad (4-13)$$

式中 $V_u$——圆形钢管混凝土构件的受剪承载力设计值；

$A_{sc}$——圆形钢管混凝土构件的截面面积，即钢管面积和管内混凝土面积之和；

$f_{sv}$——圆形钢管混凝土受剪强度设计值，按下式计算：

$$f_{sv} = 1.547 f \frac{\alpha_{sc}}{\alpha_{sc} + 1} \qquad (4-14)$$

(5)圆形钢管混凝土构件的受扭承载力设计值应按下式计算：

$$T_u = W_T f_{sv} \qquad (4-15)$$

式中 $T_u$——圆形钢管混凝土构件的受扭承载力设计值；

$W_T$——圆形钢管混凝土构件的截面受扭模量，按下式计算：

$$W_T = \pi r_0^3 / 2 \qquad (4-16)$$

$r_0$——等效圆半径，取钢管外半径。

(6)圆形钢管混凝土构件的受弯承载力设计值应按下列公式计算：

$$M_u = \gamma_m W_{sc} f_{sc} \qquad (4-17)$$

$$W_{sc} = \frac{\pi r_0^3}{5} \qquad (4-18)$$

式中 $f_{sc}$——圆形钢管混凝土抗压强度设计值，按式(4-9)计算；

$\gamma_m$——塑性发展系数，取1.2；

$W_{sc}$——受弯构件的截面模量；

$r_0$——等效圆半径，取为半径。

(7)当计算圆形钢管混凝土构件在复杂受力状态下的欧拉临界荷载时，圆形钢管混凝土构件的轴压弹性刚度按下列公式计算：

$$B_{sc} = A_{sc} E_{sc} \qquad (4-19)$$

$$E_{sc} = 1.3 k_E f_{sc} \qquad (4-20)$$

式中 $B_{sc}$——圆形钢管混凝土构件截面的轴压弹性刚度；

$E_{sc}$——圆形钢管混凝土构件的弹性模量；

$A_{sc}$——圆形钢管混凝土构件的截面面积,即钢管面积和管内混凝土面积之和;

$k_E$——圆形钢管混凝土轴压弹性模量换算系数,见表 4 – 2。

表 4 – 2　轴压弹性模量换算系数 $k_E$ 值

| 钢材 | Q235 | Q345 | Q390 | Q420 |
|---|---|---|---|---|
| $k_E$ | 918.9 | 719.6 | 657.5 | 626.9 |

(8)当计算圆形钢管混凝土构件弯曲状态下的变形时,圆形钢管混凝土构件的弹性受弯刚度 $B_{scm}$ 按下式计算:

$$B_{scm} = E_{scm} I_{sc} \tag{4 – 21}$$

$$E_{scm} = \frac{(1 + \delta/n)(1 + \alpha_{sc})}{(1 + \alpha_{sc}/n)(1 + \delta)} E_{sc} \tag{4 – 22}$$

$$n = E_s/E_c, \delta = I_s/I_c, x_{sc} = A_s/A_c \tag{4 – 23}$$

式中　$E_{scm}$——圆形钢管混凝土构件的弹性受弯模量;

$A_s, A_c$——钢管和混凝土的面积;

$I_s, I_c$——钢管和混凝土部分的惯性矩;

$E_s, E_c$——钢材和混凝土的弹性模量;

$I_{sc}$——圆形钢管混凝土构件的截面惯性矩,无受拉区时

$$I_{sc} = I_s + I_c \tag{4 – 24}$$

当构件截面出现受拉区时,截面惯性矩用下式代替:

$$I_{sc} = (0.66 + 0.94\alpha_{sc})(I_s + I_c) \tag{4 – 25}$$

(9)当计算圆形钢管混凝土构件受剪受扭变形时,圆形钢管混凝土构件的剪变刚度和受扭刚度按下列公式计算:

$$B_G = G_{ss} A_{sc} \tag{4 – 26}$$

$$B_T = G_{ss} I_T \tag{4 – 27}$$

式中　$B_G$——圆形钢管混凝土的剪变刚度;

$A_{sc}$——圆形钢管混凝土构件的截面面积;

$B_T$——圆形钢管混凝土的受扭刚度;

$I_T$——具有相同钢管尺寸的圆形钢管混凝土构件的截面受扭模量;

$G_{ss}$——具有相同钢管尺寸的圆形钢管混凝土构件的剪变模量,见表 4 – 3。

表 4 – 3　圆形钢管混凝土构件的剪变模量 $G_{ss}$ ( N/mm$^2$ )

| 混凝土 | 圆形钢管混凝土构件的含钢率 | | | | | | | | |
|---|---|---|---|---|---|---|---|---|---|
| | 0.04 | 0.06 | 0.08 | 0.1 | 0.12 | 0.14 | 0.16 | 0.18 | 0.2 |
| C30 | 8 527 | 10 460 | 12 504 | 14 649 | 16 888 | 19 212 | 21 614 | 24 088 | 26 627 |
| C40 | 8 990 | 10 941 | 13 001 | 15 162 | 17 414 | 19 751 | 22 164 | 24 648 | 27 197 |
| C50 | 9 359 | 11 325 | 13 399 | 15 572 | 17 835 | 20 182 | 22 604 | 25 096 | 27 652 |

| 混凝土 | 圆形钢管混凝土构件的含钢率 | | | | | | | | |
|---|---|---|---|---|---|---|---|---|---|
| | 0.04 | 0.06 | 0.08 | 0.1 | 0.12 | 0.14 | 0.16 | 0.18 | 0.2 |
| C60 | 9 637 | 11 613 | 13 697 | 15 879 | 18 151 | 20 505 | 22 934 | 25 432 | 27 994 |
| C70 | 9 822 | 11 806 | 13 896 | 16 084 | 18 361 | 20 720 | 23 154 | 25 656 | 28 222 |
| C80 | 10 007 | 11 998 | 14 095 | 16 289 | 18 572 | 20 936 | 23 374 | 25 880 | 28 449 |

（10）圆形钢管混凝土柱轴心受压稳定承载力设计值按下式计算：

$$N_u = \varphi N_0 \qquad (4-28)$$

式中　$N_0$——圆形钢管混凝土短柱的轴心受压强度承载力设计值，按式（4-8）计算；

　　　$\varphi$——轴心受压构件稳定系数，按表4-4取值，表中 $\lambda_{sc}$ 是各种构件的长细比，等于构件的计算长度除以回转半径。

表4-4　轴压构件稳定系数

| $\lambda_{sc}(0.001f_y + 0.781)$ | $\varphi$ | $\lambda_{sc}(0.001f_y + 0.781)$ | $\varphi$ |
|---|---|---|---|
| 0 | 1.000 | 130 | 0.440 |
| 10 | 0.975 | 140 | 0.394 |
| 20 | 0.951 | 150 | 0.353 |
| 30 | 0.924 | 160 | 0.318 |
| 40 | 0.896 | 170 | 0.287 |
| 50 | 0.863 | 180 | 0.260 |
| 60 | 0.824 | 190 | 0.236 |
| 70 | 0.779 | 200 | 0.216 |
| 80 | 0.728 | 210 | 0.198 |
| 90 | 0.670 | 220 | 0.181 |
| 100 | 0.610 | 230 | 0.167 |
| 110 | 0.549 | 240 | 0.155 |
| 120 | 0.492 | 250 | 0.143 |

【例4-1】　设有一根上下端为铰接的圆形钢管混凝土受压短柱，试用统一理论计算其轴心受压承载力设计值，柱的各种参数如下。

| 直径 $D$/mm | 壁厚 $t$/mm | 钢材牌号 | 钢材强度设计值 /MPa | 混凝土 强度等级 | 柱计算高度 $L$/mm |
|---|---|---|---|---|---|
| 1 300 | 35 | Q345 | 295 | C60 | 4 200 |

混凝土的抗压强度设计值 $f_c = 27.5$ N/mm²。

【解】　圆形钢管混凝土柱的轴心受压强度承载力

$$N_0 = A_{sc} f_{sc}$$

圆形钢管混凝土柱的轴心受压稳定承载力

$$N_u = \varphi N_0$$

$$f_{sc} = (1.212 + B\theta + C\theta^2) f_c$$

$$\theta = \alpha_{sc} \frac{f}{f_c}$$

其中

$$A_{sc} = \pi \times \frac{D^2}{4} = \pi \times \frac{1\,300^2}{4} = 1\,326\,650 \text{ mm}^2$$

$$A_c = \pi \times \frac{(D - 2t)^2}{4} = \pi \times \frac{(1\,300 - 2 \times 35)^2}{4} = 1\,187\,626.5 \text{ mm}^2$$

$$A_s = A_{sc} - A_c = 139\,023.5 \text{ mm}^2$$

$$\alpha_{sc} = \frac{A_s}{A_c} = \frac{139\,023.5}{1\,187\,627.5} = 0.117$$

$$\theta = \alpha_{sc} \frac{f}{f_c} = 0.117 \times \frac{295}{27.5} = 1.255$$

$$B = 0.176 f / 213 + 0.974 = 1.218, C = -0.104 f_c / 14.4 + 0.031 = -0.168$$

$$f_{sc} = (1.212 + B\theta + C\theta^2) f_c$$
$$= (1.212 + 1.218 \times 1.255 - 0.168 \times 1.255^2) \times 27.5$$
$$= 68.09 \text{ N/mm}^2$$

回转半径

$$i = \sqrt{\frac{I}{A}} = \sqrt{\frac{\pi \times D^4}{\pi \times D^2 \times 16}} = 325 \text{ mm}$$

利用插值法查表可得

$$\varphi = 0.965\,6$$

则

$$N_u = \varphi A_{sc} f_{sc} = 0.965\,6 \times 1\,326\,650 \times 68.09 = 87\,224.2 \text{ kN}$$

【例 4 - 2】　一根钢管混凝土长柱,除柱长外的各项参数同例 4 - 1,柱长 $L = 10$ m,试用统一理论计算轴心受压极限承载力。

【解】　圆形钢管混凝土长柱的轴心受压稳定承载力

$$N_u = \varphi N_0$$

由于截面相同,由例 4 - 1 可知

$$N_0 = A_{sc} f_{sc} = 1\,326\,650 \times 68.09 = 90\,331\,598.5 \text{ N}$$

柱子的计算长度为 10 m,回转半径为 325 mm,则

$$\lambda_{sc}(0.001 f_y + 0.781) = \frac{L}{i}(0.001 f_y + 0.781) = \frac{10\,000}{325}(0.001 \times 295 + 0.781) = 33.108$$

利用插值法查表可得

$$\varphi = 0.915$$

则

$$N_u = \varphi N_0 = 0.915 \times 90\ 331\ 598.5 = 82\ 653.4\ \text{kN}$$

## 4.2.2　钢管混凝土构件在复杂受力状态下承载力计算

（1）承受压、弯、扭、剪共同作用时，圆形钢管混凝土构件的承载力应按下列公式计算。

当 $\dfrac{N}{N_u} \geq 0.255\left[1 - \left(\dfrac{T}{T_u}\right) - \left(\dfrac{V}{V_u}\right)^2\right]$ 时

$$\frac{N}{N_u} + \frac{\beta_m M}{1.5 M_u(1 - 0.4 N/N'_E)} + \left(\frac{T}{T_u}\right)^2 + \left(\frac{V}{V_u}\right)^2 \leq 1 \qquad (4-29)$$

当 $\dfrac{N}{N_u} < 0.255\left[1 - \left(\dfrac{T}{T_u}\right)^2 - \left(\dfrac{V}{V_u}\right)^2\right]$ 时

$$\frac{N}{2.17 N_u} + \frac{\beta_m M}{M_u(1 - 0.4 N/N'_E)} + \left(\frac{T}{T_u}\right)^2 + \left(\frac{V}{V_u}\right)^2 \leq 1 \qquad (4-30)$$

$$N'_E = \frac{\pi^2 E_{sc} A_{sc}}{(1.1\lambda)^2} \qquad (4-31)$$

式中　$N$、$M$、$T$、$V$——作用于构件的轴心压力、弯矩、扭矩和剪力设计值；

$\beta_m$——等效弯矩系数，按《钢结构设计规范》（GB 50017—2003）的规定采用；

$N_u$——圆形钢管混凝土构件的轴压稳定承载力设计值，按式（4-28）规定计算；

$M_u$——圆形钢管混凝土构件的受弯承载力设计值，按式（4-17）规定计算；

$T_u$——圆形钢管混凝土构件的受扭承载力设计值，按式（4-15）规定计算；

$V_u$——圆形钢管混凝土构件的受剪承载力设计值，按式（4-13）规定计算；

$N'_E$——系数。

计算单层厂房框架柱时，柱的计算长度按现行国家标准《钢结构设计规范》（GB 50017—2003）的规定采用；计算高层建筑的框架柱、核心筒柱时，柱的计算长度按现行行业标准《高层民用建筑钢结构技术规程》（JGJ 99—2015）的规定采用。

（2）只有轴心压力和弯矩作用时的压弯构件，应按下列公式计算。

当 $\dfrac{N}{N_u} \geq 0.255$ 时

$$\frac{N}{N_u} + \frac{\beta_m M}{1.5 M_u(1 - 0.4 N/N'_E)} \leq 1 \qquad (4-32)$$

当 $\dfrac{N}{N_u} < 0.255$ 时

$$\frac{N}{2.17 N_u} + \frac{\beta_m M}{M_u(1 - 0.4 N/N'_E)} \leq 1 \qquad (4-33)$$

式中　$N$、$M$——作用于构件的轴心压力和弯矩；

$\beta_m$——等效弯矩系数，按《钢结构设计规范》（GB 50017—2003）的规定采用；

$N_u$——圆形钢管混凝土构件的轴压稳定承载力设计值，按式（4-28）规定计算；

$M_u$——圆形钢管混凝土构件的受弯承载力设计值，按式（4-17）规定计算。

（3）只有轴心拉力和弯矩作用时的拉弯构件，应按下列公式计算：

$$\frac{N}{N_{ut}} + \frac{M}{M_u} \leq 1 \qquad (4-34)$$

式中　　$N$、$M$——作用于构件的轴心拉力和弯矩；

　　　　$M_u$——圆形钢管混凝土构件的受弯承载力设计值，按式(4-17)计算；

　　　　$N_{ut}$——圆形钢管混凝土构件的受拉强度承载力设计值，按式(4-12)计算。

【例 4-3】　一根钢管混凝土长柱，截面参数及材料性质同例 4-1，柱子的计算长度为 10 m，柱子两端受到轴心压力与弯矩的共同作用，轴压力大小为 30 000 kN，弯矩大小为 5 000 kN·m，试用统一理论验算柱子的承载能力。

【解】　由例 4-2 可知，此钢管混凝土长柱的轴心受压稳定承载力设计值 $N_u =$ 82 653.4 kN，则 $\dfrac{N}{N_u} = \dfrac{30\ 000}{82\ 653.4} = 0.363 > 0.255$。

采用式(4-32)来验算承载力。

$$M_u = \gamma_m W_{sc} f_{sc}$$

$$\gamma_m = 1.2,\ W_{sc} = \frac{\pi r^3}{4} = 2.155\ 8 \times 10^8,\ f_{sc} = 68.09\ \text{N/mm}^2$$

则

$$M_u = 17\ 615\ \text{kN·m}$$

$$N'_E = \frac{\pi^2 E_{sc} A_{sc}}{1.1 \lambda_{sc}^2}$$

$$E_{sc} = 1.3 k_E f_{sc} = 1.3 \times 719.6 \times 68.09 = 63\ 696.8\ \text{N/mm}^2$$

则

$$N'_E = \frac{3.142 \times 63\ 696.8 \times 1\ 326\ 650}{1.1 \times (\frac{10\ 000}{325})^2} = 794\ 865\ \text{kN}$$

$$\beta_m = 1.0$$

则

$$0.363 + \frac{1.0 \times 5\ 000}{1.5 \times 17\ 615 \times (1 - 0.4 \times 30\ 000/794\ 865)} = 0.555 < 1$$

则钢管混凝土柱承载力验算满足要求。

### 4.2.3　混凝土徐变对构件承载力的影响

对轴压构件和偏心率不大于 0.3 的偏心钢管混凝土实心受压构件，当由永久荷载引起的轴心压力占全部轴心压力的 50% 及以上时，由于混凝土徐变的影响，钢管混凝土柱的轴心受压稳定承载力设计值 $N_u$ 应乘以折减系数 0.9。

## 4.3　基于拟混凝土理论的计算方法

拟混凝土理论即中国建筑科学院提出的约束混凝土理论。拟混凝土理论认为钢管混凝土本质上就是由钢管对混凝土实行套箍强化的一种套箍混凝土（即约束混凝土）。由于钢管对核心混凝土的套箍作用，使核心混凝土处于三向受压状态，从而使核心混凝土具有更高的抗压强度和变形能力，而对于钢管壁，将其视为分布在核心混凝土周围的等效纵向钢筋，钢筋的面积根据钢管的截面面积和形状而定。根据上述的等效假定,就可以用等效的钢筋混凝土柱的轴力-弯矩关系作为钢管混凝土的轴力-弯矩关系。

### 4.3.1 单肢柱轴心受力承载力计算

(1)圆形钢管混凝土柱的轴心受压承载力应满足下列要求:

$$N \leqslant N_u \tag{4-35}$$

式中　$N$——轴心压力设计值;

$N_u$——圆形钢管混凝土柱的轴心受压承载力设计值。

(2)圆形钢管混凝土柱的轴心受压承载力设计值应按下列公式计算。

$$N_u = \varphi_e \varphi_l N_o \tag{4-36}$$

当 $\theta \leqslant 1/(\alpha-1)^2$ 时

$$N_0 = 0.9 A_c f_c (1 + \alpha \theta) \tag{4-37}$$

当 $\theta > 1/(\alpha-1)^2$ 时

$$N_0 = 0.9 A_c f_c (1 + \sqrt{\theta} + \theta) \tag{4-38}$$

$$\theta = \frac{A_s f}{A_c f_c} \tag{4-39}$$

注:此处 $\theta$ 与统一理论相同(式(4-11))。

且在任何情况下均应满足下列条件:

$$\varphi_e \varphi_l \leqslant \varphi_o \tag{4-40}$$

式中　$N_0$——圆形钢管混凝土轴心受压短柱的强度承载力设计值;

$\theta$——圆形钢管混凝土构件的套箍系数;

$\alpha$——与混凝土强度等级有关的系数,按表4-6取值;

$A_c$——钢管内核心混凝土横截面面积;

$f_c$——钢管内核心混凝土的抗压强度设计值;

$A_s$——钢管的横截面面积;

$f$——钢管的抗拉、抗压强度设计值;

$\varphi_e$——考虑偏心率影响的承载力折减系数,按本节第(3)条中的规定确定;

$\varphi_l$——考虑长细比影响的承载力折减系数,按本节第(4)条中的规定确定;

$\varphi_o$——按轴心受压柱考虑的 $\varphi_l$ 值。

表4-6　α系数

| 混凝土等级 | ≤C50 | C55~C80 |
|---|---|---|
| α | 2.00 | 1.8 |

(3)圆形钢管混凝土柱考虑偏心率影响的承载力折减系数 $\varphi_e$,应按下列公式计算。

当 $e_0/r_c \leqslant 1.55$ 时

$$\varphi_e = \frac{1}{1 + 1.85 \dfrac{e_0}{r_c}} \tag{4-41}$$

$$e_0 = \frac{M_2}{N} \tag{4-42}$$

当 $e_0/r_c > 1.55$ 时

$$\varphi_e = \frac{1}{3.92 - 5.16\varphi_l + \varphi_l \dfrac{e_0}{0.3r_c}} \tag{4-43}$$

式中　$e_0$——柱端轴心压力偏心距的较大者;

　　　$r_c$——钢管内的核心混凝土横截面的半径;

　　　$M_2$——柱端弯矩设计值的较大者;

　　　$N$——轴心压力设计值。

(4)圆形钢管混凝土柱考虑长细比影响的承载力折减系数 $P_l$,应按下列公式计算。

当 $L_e/D > 30$ 时

$$\varphi_l = 1 - 0.115 \sqrt{L_e/D - 4} \tag{4-44}$$

当 $4 < L_e/D \leqslant 30$ 时

$$\varphi_l = 1 - 0.0226(L_e/D - 4) \tag{4-45}$$

当 $L_e/D \leqslant 4$ 时

$$\varphi_l = 1 \tag{4-46}$$

式中　$D$——钢管的外直径;

　　　$L_e$——柱的等效计算长度,按本节第(5)条中的规定确定,拱的等效计算长度按本节第(7)条中的规定确定。

(5)圆形钢管混凝土柱的等效计算长度应按下式计算:

$$L_e = \mu k L \tag{4-47}$$

式中　$L$——柱的实际长度;

　　　$\mu$——考虑柱端约束条件的计算长度系数,按现行国家标准《钢结构设计规范》(GB 50017—2003)确定;

　　　$k$——考虑柱身弯矩分布梯度影响的等效长度系数,按本节第(6)条中的规定确定

(6)圆形钢管混凝土柱考虑柱身弯矩分布梯度影响的等效长度系数 $k$,应按下列公式计算。

轴心受压柱和杆件(图 4-8(a))

$$k = 1 \tag{4-48}$$

无侧移框架柱(图 4-8(b)、(c))

$$k = 0.5 + 0.3\beta + 0.2\beta^2 \tag{4-49}$$

有侧移框架柱(图 4-8(d))和悬臂柱(图 4-8(e)、(f))

当 $e_0/r_c \leqslant 0.8$ 时

$$k = 1 - 0.625e_0/r_c \tag{4-50}$$

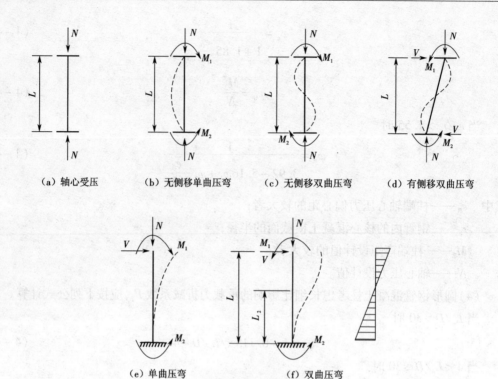

（a）轴心受压　　　（b）无侧移单曲压弯　　　（c）无侧移双曲压弯　　　（d）有侧移双曲压弯

（e）单曲压弯　　　　　　　　（f）双曲压弯

**图 4 - 8　框架柱及悬臂柱计算简图**

当 $e_0/r_c > 0.8$ 时

$$k = 0.5 \tag{4-51}$$

当自由端有力矩 $M_1$ 作用时,将式(4-52)与式(4-50)或(4-51)所得 $k$ 值进行比较,取其中之较大值

$$k = (1 + \beta_1)/2 \tag{4-52}$$

式中　$r_c$——钢管内核心混凝土横截面的半径;

$\beta$——柱两端弯矩设计值之较小者 $M_1$ 与较大者 $M_2$ 的比值($|M_1| \leqslant |M_2|$),$\beta = M_1/M_2$,单曲压弯时,$\beta$ 为正值,双曲压弯时,$\beta$ 为负值;

$\beta_1$——悬臂柱自由端力矩设计值 $M_1$ 与嵌固端弯矩设计值 $M_2$ 的比值,当 $\beta_1$ 为负值(双曲压弯)时,则按反弯点所分割成的高度为 $L_2$ 的子悬臂柱计算(图 4 - 8(f))。

(7)对于矢跨比 $h/L \leqslant 0.4$ 的拱结构(图 4 - 9)内的等效计算长度按下式计算:

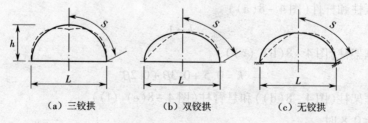

（a）三铰拱　　　　　　（b）双铰拱　　　　　　（c）无铰拱

**图 4 - 9　计算长度简图**

$$L_e = \mu S \tag{4-53}$$

式中　$S$——拱轴长度之半；

　　　$\mu$——拱的计算长度系数，按表 4 - 7 取值。

**表 4 - 7　拱的计算长度系数**

| 拱型 | $\mu$ |
|------|-------|
| 三铰拱 | 1.20 |
| 双铰拱 | 1.10 |
| 无铰拱 | 0.75 |

（8）圆形钢管混凝土柱的轴心受拉构件应满足下列要求：

$$\frac{N}{N_{ut}} + \frac{M}{M_u} \leq 1 \tag{4-54}$$

$$N_{ut} = A_s f \tag{4-55}$$

$$M_u = 0.3 r_c N_0 \tag{4-56}$$

式中　$N$——轴心拉力设计值；

　　　$M$——柱端弯矩设计值的较大者；

　　　$N_{ut}$——圆形钢管混凝土柱的轴心受拉承载力设计值；

　　　$M_u$——圆形钢管混凝土柱的受弯承载力；

　　　$r_c$——钢管内核心混凝土横截面的半径；

　　　$N_0$——圆形钢管混凝土短柱轴心受压承载力设计值，按式（4 - 37）、式（4 - 38）设计。

**【例 4 - 4】**　设计条件同例 4 - 1，试用拟混凝土理论计算轴心受压极限承载力并进行比较。

**【解】**　混凝土 C60，$\alpha = 1.8$，$1/(\alpha - 1)^2 = 1/(1.8 - 1)^2 = 1.5625$。

例 4 - 1 已经计算出 $\theta = 1.255$，所以

$$\theta \leq 1/(\alpha - 1)^2$$

则

$$N_0 = 0.9 A_c f_c (1 + \alpha \theta) = 0.9 \times 1\,187\,626.5 \times 27.5 \times (1 + 1.8 \times 1.255) = 95\,794.3 \text{ kN}$$

由于是轴心受压柱，所以考虑偏心率影响的承载力折减系数

$$\varphi_e = 1$$

由于 $L_e/D = 4\,200/1\,300 \leq 4$，所以考虑长细比影响的承载力折减系数

$$\varphi_l = 1$$

则

$$N_u = \varphi_e \varphi_l N_0 = N_0 = 95\,794.3 \text{ kN}$$

经过对比，可以看出，统一理论比拟混凝土理论承载力设计值小，偏于保守和安全。

**【例 4 - 5】**　设计条件同例 4 - 2，试用拟混凝土理论计算其轴心受压极限承载力并进行比较。

**【解】**　混凝土 C60，$\alpha = 1.8$，$1/(\alpha - 1)^2 = 1/(1.8 - 1)^2 = 1.5625$。

例 4 – 1 已经计算出 $\theta = 1.255$，所以

$$\theta \leqslant 1/(\alpha - 1)^2$$

则

$$N_0 = 0.9 A_c f_c (1 + \alpha\theta) = 0.9 \times 1\ 187\ 626.5 \times 27.5 \times (1 + 1.8 \times 1.255) = 95\ 794.3\ \text{kN}$$

由于是轴心受压柱，所以考虑偏心率影响的承载力折减系数

$$\varphi_e = 1$$

由于 $4 < \dfrac{L_e}{D} = \dfrac{10\ 000}{1\ 300} = 7.69 < 30$，所以考虑长细比影响的承载力折减系数

$$\varphi_l = 1 - 0.022\ 6(L_e/D - 4) = 0.916\ 6$$

则

$$N_u = \varphi_e \varphi_l N_0 = 1 \times 0.916\ 6 \times 95\ 794.3 = 87\ 805.06\ \text{kN}$$

经过对比，可以看出，统一理论比拟混凝土理论承载力设计值小，偏于保守和安全。

【例 4 – 6】　设计条件同例 4 – 3，柱子为无侧移单曲压弯框架柱，试用拟混凝土理论验算柱子的承载能力并进行比较。

【解】　混凝土 C60，$\alpha = 1.8$，$1/(\alpha - 1)^2 = 1/(1.8 - 1)^2 = 1.562\ 5$。

例 4 – 1 已经计算出 $\theta = 1.255$，所以

$$\theta \leqslant 1/(\alpha - 1)^2$$

则

$$N_0 = 0.9 A_c f_c (1 + \alpha\theta) = 0.9 \times 1\ 187\ 626.5 \times 27.5 \times (1 + 1.8 \times 1.255) = 95\ 794.3\ \text{kN}$$

由于是偏心受压柱，所以考虑如下偏心率影响的承载力折减系数：

$$e_0 = \frac{M_2}{N} = \frac{5\ 000 \times 1\ 000}{30\ 000} = 166.7\ \text{mm}$$

而

$$e_0/r_c = 166.7/615 = 0.272 < 1.55$$

则

$$\varphi_e = \frac{1}{1 + 1.85\ \dfrac{e_0}{r_c}} = \frac{1}{1 + 1.85 \times 0.272} = 0.665\ 2$$

由于 $4 < \dfrac{L_e}{D} = \dfrac{10\ 000}{1\ 300} = 7.69 < 30$，所以考虑如下长细比影响的承载力折减系数：

$$k = 0.5 + 0.3\beta + 0.2\beta^2 = 1, \quad L_e = \mu k L = 10\ 000\ \text{mm}$$

$$\varphi_l = 1 - 0.022\ 6(L_e/D - 4) = 0.916\ 6$$

则

$$N_u = \varphi_e \varphi_l N_0 = 0.665\ 2 \times 0.916\ 6 \times 95\ 794.3 = 58\ 407.9\ \text{kN}$$

$N/N_u = 30\ 000/58\ 407.9 = 0.513\ 7 < 1$，满足承载力要求。

统一理论计算得出的结果比值为 0.555，大于 0.513 7，可见统一理论相较于拟混凝土理论偏于保守和安全。

### 4.3.2　单肢柱横向受剪承载力计算

（1）当圆形钢管混凝土柱的剪跨 $\alpha_0$（即横向集中荷载作用点至支座或节点边缘的距离）小于柱子直径 $D$ 的 2 倍时，即需验算柱的横向受剪承载力，并应满足下列要求：

$$V \leqslant V_u \tag{4-57}$$

式中　$V$——横向剪力设计值；

　　　$V_u$——圆形钢管混凝土柱的横向受剪承载力设计值。

（2）圆形钢管混凝土柱的横向受剪承载力设计值应按下列公式计算：

$$V_u = (V_0 + 0.1N')\left(1 - 0.45\sqrt{\frac{\alpha_0}{D}}\right) \tag{4-58}$$

$$V_0 = 0.2A_c f_c(1 + 3\theta) \tag{4-59}$$

式中　$V_0$——圆形钢管混凝土柱受纯剪时的承载力设计值；

　　　$N'$——与横向剪力设计值 $V$ 对应的轴心力设计值，横向剪力 $V$ 应以压力方式作用于钢管混凝土柱；

　　　$\alpha_0$——剪跨，即横向集中荷载作用点至支座或节点边缘的距离；

　　　$D$——钢管混凝土柱的外径；

　　　$A_c$——钢管内核心混凝土横截面面积；

　　　$f_c$——钢管内核心混凝土的抗压强度设计值；

　　　$\theta$——钢管混凝土构件的套箍系数，按式（4-11）确定。

# 第5章 矩形钢管混凝土柱

## 5.1 概述

矩形钢管混凝土柱是指将混凝土填入薄壁矩形钢管内,并由钢管和混凝土共同承受荷载的组合构件(图5-1),近年来在住宅和办公建筑中得到了大量应用。方矩形钢管混凝土柱因截面受力合理,承载力高,截面面积小,连接简单,施工方便,将其应用于住宅建筑符合人们传统审美习惯,而且还易于建筑后期装修。

### 5.1.1 矩形钢管混凝土柱的受力特性

钢管混凝土柱中由于钢管对核心混凝土的约束作用使得核心混凝土处于三向受力状态(图5-2),从而使核心混凝土具有更高的抗压强度和抗压缩变形能力。矩形钢管内浇筑的混凝土对钢管壁具有约束作用,可以防止钢管发生向内侧的屈曲,提高了钢管壁的受压屈曲承载力和稳定性。

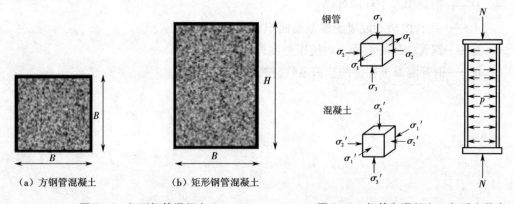

(a) 方钢管混凝土　　　　(b) 矩形钢管混凝土

**图5-1　矩形钢管混凝土**　　　**图5-2　钢管和混凝土三向受力状态**

下面主要从承载能力和变形能力两个方面来介绍矩形钢管混凝土柱的受力特性。

1. 承载能力

与圆钢管混凝土柱相比较,方矩形钢管混凝土柱的"套箍作用"较弱,受压承载力的提高幅度相对较小。试验结果表明,方矩形钢管混凝土短柱的极限承载力仍比单独空钢管柱与混凝土柱承载力之和大10% ~50%。

(1)方矩形钢管混凝土柱受压承载力提高的原因如下。

①管内混凝土改变了钢管的局部屈曲模式(图5-3),并抑制管壁局部屈曲变形的发展,钢管材料局部进入强化,从而提高钢管的局部稳定承载力。

②方矩形钢管的角部对管内混凝土具有较强的约束作用,从而提高了管内混凝土的轴

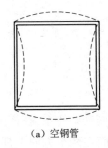 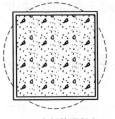

（a）空钢管　　　　　　（b）方钢管混凝土

**图 5 - 3　填充混凝土与否对轴压方钢管局部屈曲模态的影响（实线为屈曲前，虚线为屈曲后）**

向抗压强度。这种约束作用在轴压柱和压弯柱中均存在，而且随着钢管板件宽厚比的减小而增强。

（2）与圆钢管混凝土构件相比，方矩形钢管混凝土构件惯性矩相对较大，具有较强的抗弯能力。

（3）与空钢管柱相比，方矩形钢管混凝土柱由于在管内填充了混凝土，截面惯性矩加大很多，整体稳定性增强，同时使整个结构的抗弯刚度增大。

**2. 变形能力**

由数值分析计算获得的典型的 $\bar{\sigma} - \varepsilon$ 关系曲线如图 5 - 4 所示，图中 $E_{sc}$、$E_{sct}$ 和 $E_{sch}$ 分别定义为钢管混凝土名义弹性模量、名义切线模量和名义强化模量；$f_{scp}$ 和 $\varepsilon_{scp}$ 分别为名义轴压比例极限及其对应的应变。$\bar{\sigma} - \varepsilon$ 关系曲线的基本形状与约束效应系数 $\xi$ 有关：当 $\xi \geq \xi_0$ 时，曲线具有强化阶段，且 $\xi$ 越大，强化的幅度越大；当 $\xi < \xi_0$ 时，曲线达到某一峰值点后进入下降段，且 $\xi$ 越小，下降的幅度越大，下降段出现得也越早。$\xi$ 的大小与钢

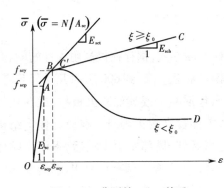

**图 5 - 4　典型的 $\bar{\sigma} - \varepsilon$ 关系**

管混凝土的截面形状有关。对方形截面构件

$$\xi_0 = 4.5 \tag{5-1}$$

（1）管内混凝土不仅提高了钢管管壁的局部临界应力，在一定程度上抑制了管壁局部屈曲变形的发展；与此同时，由于钢管的约束作用，使管内混凝土由脆性破坏转变为塑性破坏，构件整体的延性性能得到显著改善。

（2）混凝土短柱的"轴向荷载 - 压缩变形"曲线属下降型，但曲线的下降段具有较长的水平段，其延性显然比空钢管短柱有较大幅度的提高。

（3）在往复荷载作用下，方矩形钢管混凝土柱也具有较好的延性，而且其延性系数随钢管板件宽厚比的减小而增大，随内填混凝土强度等级的提高而降低。

由于矩形钢管混凝土结构中钢管对混凝土约束作用较弱，导致其承载力比圆形钢管混凝土低。因此，为了提高矩形钢管混凝土柱的承载力，众多学者也开展了相关研究，如在钢管中加螺旋箍筋、在钢管内壁焊接栓钉或竖向肋板等。

### 5.1.2　矩形钢管混凝土柱的优缺点

1. 矩形钢管混凝土柱的优点

矩形钢管混凝土柱突出的优势主要表现在以下几方面。

1) 截面受力合理

钢结构住宅一个最大的优势就是大开间,选用钢框架体系,在横向和纵向的跨度都比较大。在进行结构内力分析和计算时容易看到,柱截面在两个方向上都将承受较大的弯矩,当两方向上跨度大致相同时,承受的弯矩也很接近,这种现象在边柱和角柱处尤其明显。因此,在选择截面时,很难区分强轴和弱轴,理论上讲,设计截面在两坐标轴方向上应当具有相近的承载能力。在以前的设计中,柱多采用 H 型钢,其强轴惯性矩与弱轴惯性矩之比在 3 ~ 10,为满足弱轴的抗弯要求,增大截面的同时也将增大强轴方向的惯性矩,采用这种截面不能经济地满足双向抗弯的要求;另一方面,H 型钢中腹板在弱轴方向受弯时,没有能够发挥其承载力作用,致使材料承载力得不到充分利用。如果将腹板向远离弱轴的方向移动,就可以更好地抵抗绕弱轴的弯矩,充分发挥其承载作用。移动以后,截面就形成了箱形,当移至最外边缘时,就是矩形钢管。

2) 耐火性好

钢结构体系,不论是采用方钢管柱,还是其他的柱截面形式,都存在提高耐火性的问题。在钢材表面温度达 300 ~ 400 ℃以后,其强度和弹性模量显著下降,到 600 ℃时几乎降到零。当耐火性要求高时,需要采取保护措施,如在钢管外面包混凝土或其他防火板材,或在构件表面喷涂一层含隔热材料和化学助剂等的防火涂料,才能提高耐火等级。在设计住宅结构体系时,解决这个问题就显得尤其重要。结构体系应当做到,局部发生火灾后,不发生整体破坏,且发生火灾部分可以修复。矩形钢管混凝土由钢管和混凝土两种材料组成,混凝土的热容比较大,发生火灾时,钢管内的混凝土吸收钢管传递的热较多,有效地延长了钢材的耐火时间,使钢管混凝土柱表现出较好的耐火性能。火灾后,随着外界温度的降低,钢管混凝土结构已经屈服截面处钢管的强度可以得到不同程度的恢复,为结构的加固补强提供了一个较安全的工作环境,也减少了补强工作量。实际火灾事故证明,钢管混凝土柱在温度达到 1 000 ℃以上时,仍能承受约 70% 的设计荷载,说明钢管混凝土柱在高温下具有良好的工作性能。

3) 塑性、韧性好

钢管混凝土柱表现出较好的塑性和稳定性,且钢管没有明显的局部屈曲现象发生,表现出一定的延性性质;空钢管柱是在柱中截面处发生局部屈曲,最终形成塑性铰而破坏。其破坏形态如图 5 - 5 所示。

可见,由于核心混凝土的存在,钢管混凝土柱的屈曲模态与空钢管柱相比具有很大差别。试验证明,钢管混凝土构件在大轴压比情况下仍然具有较好的耗能性能和延性,因而抗震性能好。

4) 连接美观简单,受力性能良好

矩形钢管混凝土柱具有较大的弯曲刚度和较强的抗弯能力,整体稳定性较好,抗扭能力

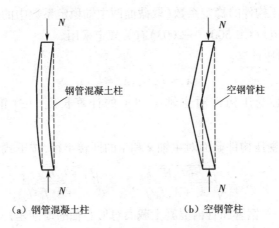

（a）钢管混凝土柱　　　　　　　（b）空钢管柱

**图 5 - 5　屈曲模态对比示意图**

强,双向受力性能良好,并且矩形钢管混凝土柱外形规则、连接构造相对简单,如方钢管混凝土柱与 H 型钢梁形成的框架结构体系,平面布置灵活、方便墙板连接、结构构造简单、构件易于标准化、施工速度快、造价低,符合人们传统审美习惯,还易于建筑后期装修,近年来已被逐渐应用于多、高层房屋的建筑工程实践中。

　　2. 矩形钢管混凝土柱的缺点

　　矩形钢管混凝土柱缺点在于,当矩形钢管混凝土的钢管壁在侧压力作用下发生侧向外鼓变形,对混凝土的紧箍力主要集中在四个角部位置,且分布不均匀,因此其相对圆形截面钢管混凝土的约束效应较差,受压承载力提高的程度较低。

## 5.2　基于叠加理论的计算方法

　　所谓叠加理论,就是将填充混凝土和钢管两部分的承载力进行叠加,作为钢管混凝土构件整体的承载力。对于受压弯荷载共同作用的钢管混凝土柱,通常将容许弯矩—轴力曲线叠加起来,作为容许承载力曲线。该方法物理概念明确、计算公式简单明了且安全可靠。以下公式来源于《天津市钢结构住宅设计规程》(DB 29—57—2003)。

### 5.2.1　矩形钢管混凝土柱轴心受力计算

　　(1)轴心受压构件的强度应按下式计算:

$$N \leqslant N_u \tag{5-2}$$

式中　$N$——轴心压力的设计值;

　　　$N_u$——轴心受压时截面抗压承载力设计值,按下式计算得

$$N_u = f A_s + f_c A_c \tag{5-3}$$

式中　$f, f_c$——钢材和混凝土的抗压强度设计值,抗震设防时应除以抗震调整系数 $\gamma_{RE}$;

　　　$A_s, A_c$——钢管和管内混凝土的面积。

　　(2)轴心受压构件的稳定性应按下式计算:

$$N \leqslant \varphi N_u \tag{5-4}$$

式中　　$\varphi$——轴心受压构件的稳定系数(取截面两主轴稳定系数中的较小者),应按《钢结构设计规范》(GB 50017—2003)有关规定采用。

矩形钢管柱长细比计算:

$$\lambda_x = l_{ox}/i_x , \lambda_y = l_{oy}/i_y \tag{5-5}$$

式中　　$l_{ox}, l_{oy}$——轴心受压构件对主轴 $x$ 和 $y$ 的计算长度(按《钢结构设计规范》(GB 50017—2003)计算);

$i_x, i_y$——轴心受压构件截面对主轴 $x$ 和 $y$ 的回转半径,按下式计算得:

$$i_x = \sqrt{\frac{I_{sx} + I_{cx}E_c/E_s}{A_s + A_c f_c/f}} , i_y = \sqrt{\frac{I_{sy} + I_{cy}E_c/E_s}{A_s + A_c f_c/f}}$$

$I_{sx}, I_{sy}, I_{cx}, I_{cy}$——钢管和管内混凝土截面对形心轴的惯性矩;

$E_c$——管内混凝土的弹性模量。

(3)矩形钢管混凝土轴心受拉构件的强度应按下式计算:

$$N \leqslant A_s f \tag{5-6}$$

式中　　$N$——轴心拉力设计值;

$f$——钢材抗拉强度设计值,抗震设防时应除以抗震调整系数 $\gamma_{RE}$。

【例5-1】　某一矩形钢管混凝土柱,柱高 4 500 mm,截面尺寸为 $b \times h = 500$ mm $\times$ 600 mm, $t = 25$ mm,钢材牌号 Q345,混凝土强度等级 C50,承受轴向力设计值 $N = 18\ 000$ kN,试验算柱子的承载力。(叠加理论)

【解】　钢材抗压强度设计值 $f = 295$ N/mm², 弹性模量 $E_s = 2.06 \times 10^5$ N/m²

混凝土抗压强度设计值 $f_c = 23.1$ N/mm², 弹性模量 $E_c = 3.45 \times 10^4$ N/m²

钢材截面面积 $A_s = 2 \times [500 \times 25 + (600 - 25 \times 2) \times 25] = 52\ 500$ mm²

混凝土截面面积 $A_c = (600 - 50) \times (500 - 50) = 247\ 500$ mm²

钢管截面对形心轴的惯性矩

$$I_{sx} = 2 \times \frac{1}{12} \times 25 \times 600^3 + 2 \times (12.5 + 275)^2 \times 25 \times 450 = 2.76 \times 10^9 \text{ mm}^4$$

$$I_{sy} = 2 \times \frac{1}{12} \times 25 \times 500^3 + 2 \times (12.5 + 225)^2 \times 25 \times 550 = 2.07 \times 10^9 \text{ mm}^4$$

混凝土截面对形心轴的惯性矩

$$I_{cx} = \frac{1}{12} \times 450 \times 550^3 = 6.24 \times 10^9 \text{ mm}^4$$

$$I_{cy} = \frac{1}{12} \times 550 \times 450^3 = 4.17 \times 10^9 \text{ mm}^4$$

(1)轴心受压强度计算

$$N \leqslant N_u$$

$$N_u = f A_s + f_c A_c$$

$$N_u = 295 \times 52\ 500 + 23.1 \times 247\ 500 = 21\ 204.75 \text{ kN} > N$$

(2)轴心受压稳定性计算

$$N \leqslant \varphi N_u$$

轴心受压构件的稳定系数 $\varphi$ 取截面两主轴稳定系数中的较小者,故采用

$$i_y = \sqrt{\frac{I_{sy} + I_{cy} E_c / E_s}{A_s + A_c f_c / f}} = \sqrt{\frac{2.07 \times 10^9 + 4.17 \times 10^9 \times 3.45 \times 10^{-2} / 0.206}{52\,500 + 247\,500 \times 32.4 / 295}} = 187.59 \text{ mm}$$

$$\lambda = \frac{l_0}{r_0} = \frac{4\,500}{187.59} = 23.99 \approx 24$$

$$\lambda_0 = \frac{\lambda}{\pi} \sqrt{\frac{f_y}{E_s}} = \frac{24}{3.14} \times \sqrt{\frac{345}{206 \times 10^3}} = 0.312\,3$$

由于 $\lambda_0 = 0.312\,3 > 0.215$,所以

$$\varphi = \frac{1}{2\lambda_0^2} \left[ 0.965 + 0.3\lambda_0 + \lambda_0^2 - \sqrt{(0.965 + 0.3\lambda_0 + \lambda_0^2)^2 - 4\lambda_0^2} \right] = 0.939\,1$$

$$N \leqslant \varphi N_u = 0.939\,1 \times 21\,204.75 = 19\,913 \text{ kN}$$

则稳定符合要求。

## 5.2.2　弯矩作用在主平面内的压弯构件承载力计算

(1)矩形钢管混凝土柱压弯的强度可按下式计算:

$$N \leqslant N_c + N_s \tag{5-7}$$

$$\frac{N_s^1}{A_s} + \frac{M_x}{W_x} + \frac{M_y}{W_y} \leqslant f \tag{5-8}$$

式中　$N$——轴心压力设计值;

$M_x$——绕 $x$ 轴的弯矩设计值;

$M_y$——绕 $y$ 轴的弯矩设计值;

$N_c$——混凝土轴心受压承载力强度设计值, $N_c = A_c f_c$;

$N_s$——矩形钢管部分的轴心受压承载力强度设计值, $N_s = A_s f$;

$N_s^1$——矩形钢管部分承担的轴向力设计值, $N_s^1 = N \dfrac{E_s A_s}{E_c A_c + E_s A_s}$;

$W_x$——矩形钢管对 $x$ 轴的净截面抵抗矩;

$W_y$——矩形钢管对 $y$ 轴的净截面抵抗矩。

(2)弯矩作用在一个主平面绕 $x$ 轴的压弯构件,其稳定性按下列规定计算:

$$N \leqslant \varphi_x (N_c + N_s) \tag{5-9}$$

$$\frac{N_s^1}{\varphi_x A_s} + \frac{M_x}{W_x \left(1 - 0.8 \dfrac{N}{N_{EX}}\right)} \leqslant f \tag{5-10}$$

式中　$\varphi_x$——弯矩作用平面内的轴心受压稳定系数;

$N_{EX}$——欧拉临界力, $N_{EX} = \pi^2 E A / \lambda_x^2$;

$A$——矩形钢管混凝土等代全钢面积, $A = A_s + A_c \dfrac{f_c}{f}$;

$\lambda_x$——弯矩作用平面内的长细比。

(3)应按下列公式计算弯矩作用平面外的稳定性:

$$N \leqslant \varphi_y (N_c + N_s) \tag{5-11}$$

$$\frac{N_s^1}{\varphi_y A_s} + \frac{0.7M_x}{W_x} \leqslant f \tag{5-12}$$

式中　$\varphi_y$——弯矩作用平面外的轴心受压稳定系数。

**【例 5-2】**　某一矩形钢管混凝土柱,柱高 15 000 mm,两端铰支,中间 1/3 长度处有侧向支撑,截面无削弱,截面尺寸为 $b \times h = 500 \text{ mm} \times 600 \text{ mm}$,$t = 25 \text{ mm}$,钢材牌号 Q345,混凝土强度等级 C50,承受轴心压力设计值 $N = 1\ 800 \text{ kN}$,跨中集中力设计值为 95 kN。试验算柱子的承载力。

**【解】**　（1）基本参数

采用 Q345 钢材,且厚度 $t = 25 \text{ mm}$,则 $f = 295 \text{ N/mm}^2$,$f_y = 325 \text{ N/mm}^2$,$E_s = 206 \times 10^3$ $\text{N/mm}^2$;混凝土为 C50,则 $f_c = 23.1 \text{ N/mm}^2$,$E_c = 3.45 \times 10^4 \text{ N/mm}^2$。

$$A_c = (b - 2t)(h - 2t) = (500 - 2 \times 25)(600 - 2 \times 25) = 450 \times 550 = 247\ 500 \text{ mm}^2$$

$$A_s = b \times h - A_c = 500 \times 600 - 247\ 500 = 52\ 500 \text{ mm}^2$$

钢管截面对形心轴的惯性矩:

$$I_{sx} = 2 \times \frac{1}{12} \times 25 \times 600^3 + 2 \times (12.5 + 275)^2 \times 25 \times 450 = 2.76 \times 10^9 \text{ mm}^4$$

$$I_{sy} = 2 \times \frac{1}{12} \times 25 \times 500^3 + 2 \times (12.5 + 225)^2 \times 25 \times 550 = 2.07 \times 10^9 \text{ mm}^4$$

混凝土截面对形心轴的惯性矩:

$$I_{cx} = \frac{1}{12} \times 450 \times 550^3 = 6.24 \times 10^9 \text{ mm}^4$$

$$I_{cy} = \frac{1}{12} \times 550 \times 450^3 = 4.17 \times 10^9 \text{ mm}^4$$

$$i_x = \sqrt{\frac{I_{sx} + I_{cx} E_c / E_s}{A_s + A_c f_c / f}} = \sqrt{\frac{2.76 \times 10^9 + 6.24 \times 10^9 \times 3.45 \times 10^{-2} / 0.206}{52\ 500 + 247\ 500 \times 23.1 / 295}} = 230.07 \text{ mm}$$

$$i_y = \sqrt{\frac{I_{sy} + I_{cy} E_c / E_s}{A_s + A_c f_c / f}} = \sqrt{\frac{2.07 \times 10^9 + 4.17 \times 10^9 \times 3.45 \times 10^{-2} / 0.206}{52\ 500 + 247\ 500 \times 32.4 / 295}} = 187.59 \text{ mm}$$

（2）强度验算

（Ⅰ）$N_c = f_c A_c = 23.1 \times 247\ 500 = 5\ 717\ 250 \text{ N} = 5\ 717.25 \text{ kN}$

$$N_s = f A_s = 295 \times 52\ 500 = 15\ 487\ 500 \text{ N} = 15\ 487.5 \text{ kN}$$

$$N_u = N_s + N_c = f A_s + f_c A_c = 21\ 204.75 \text{ kN} > N = 1\ 800 \text{ kN}$$

满足条件。

（Ⅱ）$N_s^1 = N \dfrac{E_s A_s}{E_c A_c + E_c A_c} = 1\ 800 \times \dfrac{206 \times 52\ 500}{32.5 \times 247\ 500 + 206 \times 52\ 500} = 1\ 032.25 \text{ kN}$

$$M_y = \frac{1}{4} F l = \frac{1}{4} \times 95 \times 15 = 356.3 \text{ kN} \cdot \text{m}$$

$$W_y = \frac{I_{sy}}{x_1} = \frac{2.07 \times 10^9}{250} = 8\ 280\ 000 \text{ mm}^3$$

则

$$\frac{N_s^1}{A_s} + \frac{M_y}{W_y} = \frac{1\ 032\ 250}{52\ 500} + \frac{356.3 \times 10^6}{8\ 280\ 000} = 62.69\ \text{N/mm}^2 \leqslant f = 295\ \text{N/mm}^2$$

满足要求。

（3）平面内稳定验算

轴心受压构件的稳定系数 $\varphi$ 取截面两主轴稳定系数中的较小者，故采用

$$\lambda_y = \frac{l}{i_y} = \frac{15\ 000}{187.59} = 79.96 \approx 80$$

$$\lambda_0 = \frac{\lambda_y}{\pi}\sqrt{\frac{f_y}{E_s}} = \frac{80}{3.14} \times \sqrt{\frac{345}{206 \times 10^3}} = 1.041$$

由于 $\lambda_0 = 1.041 > 0.215$，所以

$$\varphi_y = \frac{1}{2\lambda_0^2}[0.965 + 0.3\lambda_0 + \lambda_0^2 - \sqrt{(0.965 + 0.3\lambda_0 + \lambda_0^2)^2 - 4\lambda_0^2}] = 0.575\ 6$$

则

$$\varphi_y(N_c + N_s) = \varphi_y(fA_s + f_cA_c) = 12\ 205.45\ \text{kN} > N = 1\ 800\ \text{kN}$$

满足要求。

且

$$A = A_s + A_c\frac{f_c}{f} = 52\ 500 + 247\ 500 \times \frac{23.1}{295} = 71\ 880\ \text{mm}^2$$

$$N_{EX} = \pi^2 EA/\lambda_y^2 = \frac{\pi^2 \times 2.06 \times 10^5 \times 71\ 880}{80^2} = 22\ 834.70\ \text{kN}$$

则

$$\frac{N_s^1}{\varphi_y A_s} + \frac{M_y}{W_y\left(1 - 0.8\dfrac{N}{N_{EX}}\right)} = \frac{1\ 032\ 253}{0.575\ 6 \times 52\ 500} + \frac{356.3 \times 10^6}{8\ 280\ 000 \times \left(1 - 0.8 \times \dfrac{18\ 000\ 000}{22\ 834\ 700}\right)}$$

$$= 150.66\ \text{N/mm}^2 < f = 295\ \text{N/mm}^2$$

满足要求。

（4）验算平面外稳定

$$\lambda_x = \frac{l}{i_x} = \frac{5\ 000}{230.07} = 21.73 \approx 22,\ \lambda_0 = \frac{\lambda_x}{\pi}\sqrt{\frac{f_y}{E_s}} = \frac{22}{3.14} \times \sqrt{\frac{345}{206 \times 10^3}} = 0.286$$

由于

$$\lambda_0 = 0.286 > 0.215$$

所以

$$\varphi_x = \frac{1}{2\lambda_0^2}[0.965 + 0.3\lambda_0 + \lambda_0^2 - \sqrt{(0.965 + 0.3\lambda_0 + \lambda_0^2)^2 - 4\lambda_0^2}] = 0.948$$

则

$$\varphi_x(N_c + N_s) = \varphi_x(fA_s + f_cA_c) = 20\ 102.3\ \text{kN} > N = 1\ 800\ \text{kN}$$

满足要求。

$$\frac{N_s^1}{\varphi_x A_s} + \frac{0.7M_y}{W_y} = \frac{1\ 032.25 \times 10^3}{0.948 \times 52\ 500} + \frac{0.7 \times 356.3 \times 10^6}{8\ 280\ 000} = 50.86\ \text{N/mm}^2$$

$$\leqslant f = 295 \ \text{N/mm}^2$$

满足要求。

### 5.2.3　弯矩作用在两个主平面内的双轴压弯构件计算

弯矩作用在两个主平面内的双轴压弯构件,其稳定性按下列规定计算:

$$N \leqslant \varphi_x (N_c + N_s) \tag{5-13}$$

$$N \leqslant \varphi_y (N_c + N_s) \tag{5-14}$$

$$\frac{N_s^1}{\varphi_x A_s} + \frac{M_x}{W_x \left(1 - 0.8 \dfrac{N}{N_{EX}}\right)} + \frac{0.7 M_y}{W_y} \leqslant f \tag{5-15}$$

$$\frac{N_s^1}{\varphi_y A_s} + \frac{M_y}{W_y \left(1 - 0.8 \dfrac{N}{N_{EY}}\right)} + \frac{0.7 M_x}{W_x} \leqslant f \tag{5-16}$$

式中　$N_{EY}$——欧拉临界力,$N_{EY} = \pi^2 EA / \lambda_y^2$;

　　　$\lambda_y$——弯矩作用平面内的长细比。

### 5.2.4　弯矩作用在主平面内的拉弯构件承载力计算

当矩形钢形钢管受拉力作用时,不考虑混凝土的受拉作用,拉力和弯矩均由钢管所承担,可按下式计算:

$$\frac{N}{A_s} + \frac{M_x}{W_x} + \frac{M_y}{W_y} \leqslant f \tag{5-17}$$

## 5.3　基于统一理论的计算方法

基于统一理论的计算方法已在第4章的4.2节中列出,本节例题为采用统一理论的计算方法计算矩形钢管混凝土柱的承载力。本节公式来源于《钢－混凝土组合结构施工规范》(GB 50901—2013)。

【例5-3】　某一矩形钢管混凝土柱,柱高4 500 mm,截面尺寸为 $b \times h = 500 \ \text{mm} \times 600 \ \text{mm}$,$t = 25 \ \text{mm}$,钢材牌号 Q345,混凝土强度等级 C50,承受轴向力设计值 $N = 18\ 000 \ \text{kN}$,试验算柱子的承载力。(统一理论)

【解】　(1)轴心受压强度计算

$$N \leqslant N_u$$

$$N_u = A_{sc} f_{sc}$$

$$f_{sc} = (1.212 + B\theta + C\theta^2) f_c$$

$$B = 0.131 f/213 + 0.723 = 0.131 \times 295/213 + 0.723 = 0.904$$

$$C = -0.070 f_c /14.4 + 0.026 = -0.070 \times 32.4/14.4 + 0.026 = -0.132$$

$$\alpha_{sc} = \frac{A_s}{A_c} = \frac{52\ 500}{247\ 500} = 0.212$$

$$\theta = \alpha_{sc} \frac{f}{f_c} = 0.212 \times \frac{295}{32.4} = 1.931$$

$$f_{sc} = (1.212 + B\theta + C\theta^2) f_c = 79.88 \text{ N/mm}^2$$

则

$$N_u = A_{sc} f_{sc} = 500 \times 600 \times 79.88 = 23\,964 \text{ kN} > N = 18\,000 \text{ kN}$$

满足要求。

（2）轴心受压稳定性计算

回转半径

$$i = \sqrt{\frac{I}{A}} = \sqrt{\frac{\frac{1}{12} \times h \times b^3}{b \times h}} = \frac{b}{2\sqrt{3}} = 144 \text{ mm}$$

$$\lambda_{sc}(0.001 f_y + 0.781) = \frac{L}{i}(0.001 + f_y + 0.781) = \frac{4\,200}{144}(0.001 \times 295 + 0.781) = 31.383$$

利用插值法查表可得

$$\varphi = 0.920$$

$$\varphi N_u = 0.920 \times 23\,964 = 22\,047 \text{ kN} > N$$

稳定符合要求。

**【例 5-4】** 某一矩形钢管混凝土柱,柱高 15 000 mm,两端铰支,中间 1/3 长度处有侧向支撑,截面无削弱,截面尺寸为 $b \times h = 500 \text{ mm} \times 600 \text{ mm}$, $t = 25 \text{ mm}$,钢材牌号 Q345,混凝土强度等级 C50,承受轴心压力设计值 $N = 18\,000 \text{ kN}$,跨中集中力设计值为 95 kN。试验算柱子的承载力。（统一理论）

**【解】**

$$B = 0.131 f/213 + 0.723 = 0.131 \times 295/213 + 0.723 = 0.904$$

$$C = -0.070 f_c/14.4 + 0.026 = -0.070 \times 32.4/14.4 + 0.026 = -0.132$$

$$\alpha_{sc} = \frac{A_s}{A_c} = \frac{52\,500}{247\,500} = 0.212$$

$$\theta = \alpha_{sc} \frac{f}{f_c} = 0.212 \times \frac{295}{32.4} = 1.931$$

$$f_{sc} = (1.212 + B\theta + C\theta^2) f_c = 79.88 \text{ N/mm}^2$$

则

$$N_u = A_{sc} f_{sc} = 500 \times 600 \times 79.88 = 23\,964 \text{ kN} > N = 18\,000 \text{ kN}$$

满足要求。

且

$$W_{sc} = \frac{1}{6} bh^2 = \frac{1}{6} \times 600 \times 500^2 = 25\,000\,000 \text{ mm}^3$$

$$M_u = \gamma_m W_{sc} f_{sc} = 1.2 \times 25\,000\,000 \times 79.88 = 2\,396.4 \text{ kN} \cdot \text{m}$$

$$M_y = \frac{1}{4} Fl = \frac{1}{4} \times 95 \times 15 = 356.3 \text{ kN} \cdot \text{m}$$

等效弯矩系数 $\beta_m$,按《钢结构设计规范》(GB 50017—2003)的规定采用,本题中取 1.0。

又因为

$$\frac{N}{N_u} = \frac{18\,000}{23\,964} = 0.751 \geqslant 0.255,$$

则

$$\frac{N}{N_u} + \frac{\beta_m M}{1.5 M_u (1 - 0.4 N/N_u)} = 0.892 \leqslant 1$$

满足要求。

# 5.4　基于拟钢理论的计算方法

拟钢理论采用强度增值理论将混凝土折算成钢,再按照钢结构规范的模式进行分析计算。此方法是在不改变钢管截面面积的条件下,考虑填充混凝土对钢管混凝土的屈服强度和弹性模量的提高,以此来换算求得等效钢管的性质,并以等效钢管构件的承载力作为原钢管混凝土构件的承载力。拟钢理论采用换算模量,将混凝土折算为钢进行计算。拟钢理论在计算钢管混凝土轴心受拉杆件时不考虑混凝土的抗拉强度;在计算钢管混凝土偏心受拉杆件,不考虑内填混凝土的作用,按钢构件设计方法验算其强度。本节公式来源于《矩形钢管混凝土结构技术规程》(CECS 159—2004)。

## 5.4.1　矩形钢管混凝土柱轴心受力构件计算

(1)轴心受压构件应满足下式的要求:

$$N \leqslant A_a f + A_c f_c \tag{5-18}$$

式中　$N$——轴心压力设计值;

　　　$A_a$——钢管的截面面积(当钢管截面有削弱时,采用钢管的净截面面积 $A_{an}$);

　　　$A_c$——混凝土的截面面积;

　　　$f$——钢材的抗压强度设计值;

　　　$f_c$——混凝土的抗压强度设计值。

(2)轴心受压构件的稳定性应按下列规定进行计算:

$$N \leqslant \varphi(A_a f + A_c f_c) \tag{5-19}$$

当 $\bar{\lambda}_0 \leqslant 0.215$ 时

$$\varphi = 1 - 0.65\,\bar{\lambda}_0^2 \tag{5-20}$$

当 $\bar{\lambda}_0 > 0.215$ 时

$$\varphi = \frac{1}{2\bar{\lambda}_0^2}\left[(0.965 + 0.300\,\bar{\lambda}_0 + \bar{\lambda}_0^2) - \sqrt{(0.965 + 0.300\bar{\lambda}_0 + \bar{\lambda}_0^2)^2 - 4\bar{\lambda}_0^2}\right] \tag{5-21}$$

式中　$\varphi$——轴心受压构件的稳定系数,其值可从表5-1中查得;

　　　$\bar{\lambda}_0$——正则化长细比,根据式(5-22)计算。

**表 5 – 1　矩形轴心受压构件的稳定系数**

| $\bar{\lambda}\sqrt{\dfrac{f_y}{235}}$ | 0 | 1 | 2 | 3 | 4 | 5 | 6 | 7 | 8 | 9 |
|---|---|---|---|---|---|---|---|---|---|---|
| 0 | 1.000 | 1.000 | 1.000 | 0.999 | 0.999 | 0.998 | 0.997 | 0.996 | 0.995 | 0.994 |
| 10 | 0.992 | 0.991 | 0.989 | 0.987 | 0.985 | 0.983 | 0.981 | 0.978 | 0.976 | 0.973 |
| 20 | 0.970 | 0.967 | 0.963 | 0.960 | 0.957 | 0.953 | 0.950 | 0.946 | 0.943 | 0.939 |
| 30 | 0.936 | 0.932 | 0.929 | 0.925 | 0.922 | 0.918 | 0.914 | 0.910 | 0.906 | 0.903 |
| 40 | 0.899 | 0.895 | 0.891 | 0.887 | 0.882 | 0.878 | 0.874 | 0.870 | 0.865 | 0.861 |
| 50 | 0.856 | 0.852 | 0.847 | 0.842 | 0.830 | 0.833 | 0.828 | 0.823 | 0.818 | 0.813 |
| 60 | 0.807 | 0.802 | 0.797 | 0.791 | 0.786 | 0.780 | 0.774 | 0.769 | 0.763 | 0.757 |
| 70 | 0.751 | 0.745 | 0.739 | 0.732 | 0.726 | 0.720 | 0.714 | 0.707 | 0.701 | 0.694 |
| 80 | 0.688 | 0.681 | 0.675 | 0.668 | 0.661 | 0.655 | 0.648 | 0.641 | 0.635 | 0.628 |
| 90 | 0.621 | 0.614 | 0.608 | 0.601 | 0.594 | 0.588 | 0.581 | 0.576 | 0.568 | 0.561 |
| 100 | 0.555 | 0.549 | 0.542 | 0.536 | 0.529 | 0.523 | 0.517 | 0.511 | 0.505 | 0.499 |
| 110 | 0.493 | 0.487 | 0.481 | 0.475 | 0.470 | 0.464 | 0.458 | 0.453 | 0.447 | 0.442 |
| 120 | 0.437 | 0.432 | 0.426 | 0.421 | 0.416 | 0.411 | 0.406 | 0.402 | 0.397 | 0.392 |
| 130 | 0.387 | 0.383 | 0.378 | 0.374 | 0.370 | 0.365 | 0.361 | 0.357 | 0.353 | 0.349 |
| 140 | 0.345 | 0.341 | 0.337 | 0.333 | 0.329 | 0.326 | 0.322 | 0.318 | 0.315 | 0.311 |
| 150 | 0.308 | 0.304 | 0.301 | 0.298 | 0.295 | 0.291 | 0.288 | 0.285 | 0.282 | 0.279 |
| 160 | 0.276 | 0.273 | 0.270 | 0.267 | 0.265 | 0.262 | 0.259 | 0.256 | 0.254 | 0.251 |
| 170 | 0.249 | 0.246 | 0.244 | 0.241 | 0.239 | 0.236 | 0.234 | 0.232 | 0.229 | 0.227 |
| 180 | 0.225 | 0.223 | 0.220 | 0.218 | 0.216 | 0.214 | 0.212 | 0.210 | 0.208 | 0.206 |
| 190 | 0.204 | 0.202 | 0.200 | 0.198 | 0.197 | 0.195 | 0.193 | 0.191 | 0.190 | 0.188 |
| 200 | 0.186 | 0.184 | 0.183 | 0.181 | 0.180 | 0.178 | 0.176 | 0.175 | 0.173 | 0.172 |
| 210 | 0.170 | 0.169 | 0.167 | 0.166 | 0.165 | 0.163 | 0.162 | 0.160 | 0.159 | 0.158 |
| 220 | 0.156 | 0.155 | 0.154 | 0.153 | 0.151 | 0.150 | 0.149 | 0.148 | 0.146 | 0.145 |
| 230 | 0.144 | 0.143 | 0.142 | 0.141 | 0.140 | 0.138 | 0.137 | 0.136 | 0.135 | 0.134 |
| 240 | 0.133 | 0.132 | 0.131 | 0.130 | 0.129 | 0.128 | 0.127 | 0.126 | 0.125 | 0.124 |
| 250 | 0.123 | — | — | — | — | — | — | — | — | — |

（3）轴心受压构件的正则化长细比应按下式计算：

$$\bar{\lambda}_0 = \frac{\lambda}{\pi}\sqrt{\frac{f_y}{E}} \tag{5-22}$$

$$\lambda = \frac{l_0}{r_0} \tag{5-23}$$

$$r_0 = \sqrt{\frac{I_a + I_c E_c/E}{A_a + A_c f_c/f}} \tag{5-24}$$

式中　$\lambda$——矩形钢管混凝土轴心受压构件的长细比；

$l_0$——轴心受压构件的计算长度；

$r_0$——矩形钢管混凝土轴心受压构件截面的当量回转半径；

$f_y$——钢材的屈服强度；

$E$——钢材的弹性模量；

$E_c$——钢管内混凝土的弹性模量；

$I_a$——钢管的截面惯性矩；

$I_c$——钢管内混凝土的截面惯性矩。

（4）矩形钢管混凝土轴心受拉构件的承载力应满足下式要求：

$$N_t \leqslant A_{an} f \qquad\qquad (5-25)$$

式中 $N_t$——轴心拉力设计值；

$f$——钢材的抗拉强度设计值。

【例5-5】 某一矩形钢管混凝土柱，柱高4 500 mm，截面尺寸为 $b \times h = 500\ mm \times 600$ mm，$t = 25\ mm$，钢材牌号 Q345，混凝土强度等级 C50，承受轴向力设计值 $N = 18\ 000\ kN$，如图5-6所示。试验算柱子的承载力。

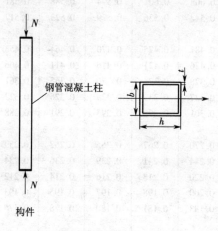

$N$

钢管混凝土柱

构件

**图5-6 例5-5图**

【解】 （1）基本参数

采用 Q345 钢材，且厚度 $t = 25\ mm$，则 $f = 295\ N/mm^2$，$f_y = 325\ N/mm^2$，$E_s = 206 \times 10^3$ $N/mm^2$；混凝土为 C50，则 $f_c = 24.46\ N/mm^2$，$E_c = 3.45 \times 10^4\ N/mm^2$。

$$A_c = (b-2t)(h-2t) = (500-2\times25)(600-2\times25) = 450 \times 550 = 247\ 500\ mm^2$$

$$A_s = b \times h - A_c = 500 \times 600 - 247\ 500 = 52\ 500\ mm^2$$

$$I_c = \frac{1}{12}(h-2t)(b-2t)^3 = \frac{1}{12} \times 550 \times 450^3 = 417\ 656.25 \times 10^4\ mm^4$$

$$I_s = \frac{1}{12}hb^3 - I_c = \frac{1}{12} \times 600 \times 500^3 - I_c = 625\ 000 \times 10^4 - 417\ 656.25 \times 10^4$$

$$= 207\ 343.75 \times 10^4\ mm^4$$

（2）求稳定系数 $\varphi$

（Ⅰ）公式法

$$r_0 = \sqrt{\frac{I_s + I_c E_c/E_s}{A_s + f_c A_c/f}} = \sqrt{\frac{207\ 343.75 \times 10^4 + 417\ 656.25 \times 10^4 \times 3.45 \times 10^4/(206 \times 10^3)}{525\ 00 + 247\ 500 \times 23.1/295}}$$

$$= \sqrt{\frac{207\ 343.75 \times 10^4 + 69\ 947.3 \times 10^4}{7.188 \times 10^4}} = 187.59\ \text{mm}$$

$$\lambda = \frac{l_0}{r_0} = \frac{4\ 500}{187.59} = 23.99 \approx 24$$

$$\lambda_0 = \frac{\lambda}{\pi} \sqrt{\frac{f_y}{E_s}} = \frac{24}{3.14} \times \sqrt{\frac{345}{206 \times 10^3}} = 0.312\ 3$$

由于 $\lambda_0 = 0.312\ 3 > 0.215$，所以

$$\varphi = \frac{1}{2\lambda_0^2} [\,0.965 + 0.3\lambda_0 + \lambda_0^2 - \sqrt{(0.965 + 0.3\lambda_0 + \lambda_0^2)^2 - 4\lambda_0^2}\,]$$

$$= \frac{1}{2 \times 0.312\ 3^2} [\,0.965 + 0.3 \times 0.312\ 3 + 0.312\ 3^2 -$$

$$\sqrt{(0.965 + 0.3 \times 0.312\ 3 + 0.312\ 3^2)^2 - 4 \times 0.312\ 3^2}\,]$$

$$= 0.939\ 1$$

（3）强度验算

$$N_u = fA_s + f_cA_c = 295 \times 52\ 500 + 23.1 \times 247\ 500$$
$$= 21\ 204.75\ \text{kN} > N = 18\ 000\ \text{kN}$$

所以强度安全。

（4）稳定验算

$$N \leqslant \frac{1}{\gamma} \varphi N_u = \frac{1}{1.0} \times 0.94 \times 21\ 204.75 = 19\ 932.47\ \text{kN}$$

稳定性满足要求。

### 5.4.2　矩形钢管混凝土柱压弯、拉弯构件计算

（1）弯矩作用在一个主平面内的矩形钢管混凝土压弯构件,其承载力应满足下列公式的要求:

$$\frac{N}{A_{an}f + A_cf_c} + (1 - \alpha_c)\frac{M}{M_{un}} \leqslant 1.0 \qquad (5 - 26)$$

$$M \leqslant M_{un} \qquad (5 - 27)$$

$$M_{un} = [\,0.5A_{an}(h - 2t - d_n) + bt(t + d_n)\,]f \qquad (5 - 28)$$

$$d_n = \frac{A_a - 2bt}{(b - 2t)\dfrac{f_c}{f} + 4t} \qquad (5 - 29)$$

式中　　$N$——轴心压力设计值;

　　　　$M$——弯矩设计值;

　　　　$\alpha_c$——混凝土工作承担系数,按式(5 - 30)计算;

　　　　$f$——钢材强度设计值;

　　　　$b,h$——矩形钢管截面平行、垂直于弯曲轴的边长;

　　　　$t$——钢管壁厚;

$d_n$——管内混凝土受压区高度;

$M_{un}$——弯矩作用方向只有弯矩作用时的净截面受弯承载力设计值。

矩形钢管混凝土受压构件中,混凝土工作承担系数 $\alpha_c$ 应控制在 $0.1 \sim 0.7$,其值可按下式计算:

$$\alpha_c = \frac{A_c f_c}{A_a f + A_c f_c} \tag{5-30}$$

(2)弯矩作用在一个主平面内(绕 $x$ 轴)的矩形钢管混凝土压弯构件,其稳定性应满足下列规定。

弯矩作用平面内

$$\frac{N}{\varphi_x(A_a f + A_c f_c)} + (1 - \alpha_c)\frac{\beta_{mx} M_x}{\left(1 - 0.8\dfrac{N}{N'_{Ex}}\right)M_{ux}} \leqslant 1.0 \tag{5-31}$$

$$\frac{\beta_{mx} M_x}{\left(1 - 0.8\dfrac{N}{N'_{Ex}}\right)M_{ux}} \leqslant 1.0 \tag{5-32}$$

$$M_{ux} = [0.5 A_a(h - 2t - d_n) + bt(t + d_n)]f \tag{5-33}$$

$$N'_{Ex} = \frac{N_{Ex}}{1.1} \tag{5-34}$$

$$N_{Ex} = \frac{\pi^2 E}{\lambda_x^2 f}(A_a f + A_c f_c) \tag{5-35}$$

弯矩作用平面外

$$\frac{N}{\varphi_y(A_a f + A_c f_c)} + \frac{\beta_{mx} M_x}{1.4 M_{ux}} \leqslant 1.0 \tag{5-36}$$

式中　$\varphi_x, \varphi_y$——弯矩作用平面内、弯矩作用平面外的轴心受压稳定系数;

$N_{Ex}$——欧拉临界力;

$\lambda_x$——弯矩作用平面内的长细比;

$M_{ux}$——绕主轴的受弯承载力设计值;

$\beta_{mx}$——等效弯矩系数,应按下列规定采用。

( I )无侧移框架柱和两端支撑的构件。

① 无横向荷载作用时,取 $\beta_{mx} = 0.6 + 0.4\dfrac{M_2}{M_1}$,$M_1$ 和 $M_2$ 为端弯矩,使构件产生同向曲率(无反弯点)时取同号;使构件产生反向曲率(有反弯点)时取异号,$|M_1| \geqslant |M_2|$。

② 无端弯矩但有横向荷载作用时。

跨中单个集中荷载

$$\beta_{mqx} = 1 - 0.36 N/N_{cr}$$

全跨均布荷载

$$\beta_{mqx} = 1 - 0.18 N/N_{cr}$$

$$N_{cr} = \frac{\pi^2 EI}{(\mu l)^2}$$

式中 $N_{cr}$——弹性临界力;

$\mu$——构件的计算长度系数。

(Ⅱ)有侧移框架柱和悬臂构件。

① 除本款(2)项规定之外的框架柱, $\beta_m = 1 - 0.36 N/N_{cr}$。

② 有横向荷载的柱脚铰接的单层框架柱和多层框架的底层柱, $\beta_m = 1.0$。

③ 自由端作用有弯矩的悬臂柱, $\beta_m = 1 - 0.36(1 - m)N/N_{cr}$, $m$ 为自由端弯矩与固定端弯矩之比,当弯矩图无反弯点时取正号,有反弯点时取负号。

(3)弯矩作用在一个主面内的拉弯构件,其承载力应满足下式的要求:

$$\frac{N}{A_{an}f_c} + (1 - \alpha_c)\frac{M}{M_{un}} \leqslant 1.0 \qquad (5-37)$$

(4)弯矩作用在两个主平面内的双轴压弯矩形钢管混凝土构件,其承载力应满足下列公式的要求:

$$\frac{N}{A_{an}f + A_c f_c} + (1 - \alpha_c)\frac{M_x}{M_{unx}} + (1 - \alpha_c)\frac{M_y}{M_{uny}} \leqslant 1.0 \qquad (5-38)$$

$$\frac{M_x}{M_{unx}} + \frac{M_y}{M_{uny}} \leqslant 1.0 \qquad (5-39)$$

$$M_{unx} = [0.5A_{an}(h - 2t - d_{nx}) + bt(t + d_{nx})]f \qquad (5-40)$$

$$M_{uny} = [0.5A_{an}(b - 2t - d_{ny}) + ht(t + d_{ny})]f \qquad (5-41)$$

式中 $M_x, M_y$——绕主轴 $x$、$y$ 轴作用的弯矩设计值;

$M_{unx}, M_{uny}$——绕主轴 $x$、$y$ 轴的净截面受弯承载力设计值;

$d_{nx}, d_{ny}$——绕主轴 $x$、$y$ 轴方向的管内混凝土受压区高度。

(5)双轴压弯构件的稳定性应按下列公式进行验算。

绕主轴($x$ 轴)的稳定性

$$\frac{N}{\varphi_x(A_a f + A_c f_c)} + (1 - \alpha_c)\frac{\beta_{mx}M_x}{\left(1 - 0.8\dfrac{N}{N'_{Ex}}\right)M_{ux}} + \frac{\beta_{my}M_y}{1.4M_{uy}} \leqslant 1.0 \qquad (5-42)$$

$$\frac{\beta_{mx}M_x}{\left(1 - 0.8\dfrac{N}{N'_{Ex}}\right)M_{ux}} + \frac{\beta_{my}M_y}{1.4M_{uy}} \leqslant 1.0 \qquad (5-43)$$

绕主轴($y$ 轴)的稳定性

$$\frac{N}{\varphi_y(A_a f + A_c f_c)} + \frac{\beta_{mx}M_x}{1.4M_{ux}} + (1 - \alpha_c)\frac{\beta_{my}M_y}{\left(1 - 0.8\dfrac{N}{N'_{Ey}}\right)M_{uy}} \leqslant 1.0 \qquad (5-44)$$

$$\frac{\beta_{mx}M_x}{1.4M_{ux}} + \frac{\beta_{my}M_y}{\left(1 - 0.8\dfrac{N}{N'_{Ey}}\right)M_{uy}} \leqslant 1.0 \qquad (5-45)$$

式中 $\varphi_x, \varphi_y$——绕主轴 $x$、$y$ 轴的轴心受压稳定系数;

$\beta_{mx}, \beta_{my}$——在计算稳定的方向对 $M_x$、$M_y$ 的弯矩等效系数;

$N'_{Ey}$——按式(5-34)、(5-35)计算,其中符号 $\lambda_x$、$N_{Ex}$、$N'_{Ex}$改为 $\lambda_y$、$N_{Ey}$、$N'_{Ey}$;

$M_{ux}$,$M_{uy}$——绕主轴 $x$、$y$ 轴的受弯承载力设计值。

（6）弯矩作用在两个主平面内的双轴拉弯矩形钢管混凝土构件,其承载力应满足下式的要求:

$$\frac{N}{A_{an}f_c} + \frac{M_x}{M_{unx}} + \frac{M_y}{M_{uny}} \leqslant 1.0 \qquad (5-46)$$

# 第6章  节点构造

## 6.1  组合结构节点概述

### 6.1.1  组合结构节点分类

组合结构节点根据节点所连接构件的不同分类较多,根据构件形式可分为柱-梁节点、柱拼接节点、梁拼接节点、柱脚节点和支撑连接节点等,其中柱-梁节点形式最为多样,有钢管混凝土柱-H型钢梁节点、钢管混凝土柱-钢筋混凝土梁节点、钢筋混凝土柱-H型钢梁节点等。在计算方面,根据节点刚度可为刚接节点、铰接节点和半刚接节点等。

### 6.1.2  节点设计的一般规定

(1)采用钢筋混凝土楼屋盖时,梁与钢管混凝土柱连接的受剪承载力和受弯承载力应分别不小于被连接构件端截面的组合剪力设计值和弯矩设计值,这里采用的用于连接设计的剪力和弯矩设计值应该是根据相关规范不同抗震等级要求调整后的设计值。

(2)钢梁与钢管混凝土柱的刚接连接,应按弹性进行设计;抗震时,还应进行连接的极限承载力验算,以实现"强连接、弱构件"的设计概念。研究表明,钢梁与钢柱刚性连接时,除梁翼缘与柱的连接承担弯矩外,腹板连接的上下受弯区也可承担弯矩,腹板中部的连接承担剪力。这样虽计算合理,但给设计增加麻烦,因此此处没有考虑腹板连接承担弯矩的作用。

(3)对于钢管混凝土柱节点,梁、板的纵向受力钢筋若直接焊接在钢管壁上,将使钢管壁产生额外的复杂应力和变形,影响钢管对混凝土的约束作用。

## 6.2  圆钢管混凝土柱与H型钢梁节点构造

### 6.2.1  外加强环节点

钢管混凝土柱与钢梁用外加强环的连接是常用的刚接节点。在正对钢梁的上下翼缘,在管柱上用坡口对接熔透焊缝焊接带短梁(也称牛腿)的加强环。牛腿的尺寸和所连接的钢梁相同。其翼缘的连接可用高强度螺栓,也可用对接焊缝,对接焊缝应与母材等强;腹板的连接常采用高强度螺栓。如图6-1、图6-2、图6-3所示。

### 6.2.2  内加强环节点

采用内加强环连接时,梁与柱之间最好通过悬臂梁段连接。悬臂梁段在工厂与钢管采

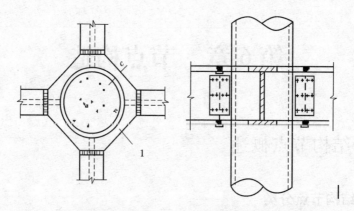

**图 6 – 1  钢梁与钢管混凝土柱采用外加强环连接构造示意图**
1—外加强环

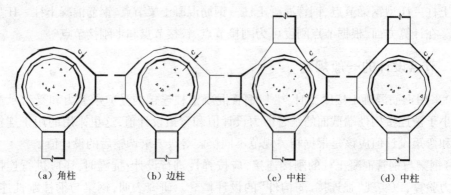

（a）角柱          （b）边柱          （c）中柱          （d）中柱

**图 6 – 2  外加强环构造示意图**

**图 6 – 3  外环板节点图片**

用全焊连接,即梁翼缘与钢管壁全熔透坡口焊缝连接、梁腹板与钢管壁角焊缝连接;悬臂梁段在现场与梁拼接,可以采用栓焊连接,也可以采用全螺栓连接。采用不等截面悬臂梁段,即翼缘端部加宽或腹板加腋或同时翼缘端部加宽和腹板加腋,或采用梁端加盖板或骨形连接,均可有效转移塑性铰,避免悬臂梁段与钢管的连接破坏。如图 6 – 4 所示。

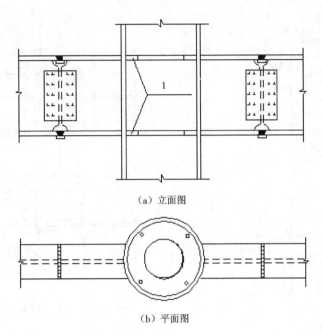

（a）立面图

（b）平面图

**图 6－4　等截面悬臂钢梁与钢管混凝土柱采用内加强环连接构造示意图**

1—内加强环

### 6.2.3　钢梁穿过钢管混凝土柱型节点

当钢管柱直径较大且钢梁翼缘较窄时，直接将钢梁穿过钢管混凝土柱，即钢梁贯通式节点。梁端弯矩及剪力传递直接，且梁端剪力可直接传递到钢管内混凝土上。在钢管内，也可将梁翼缘适当加厚变窄，利于混凝土浇筑。

## 6.3　矩形钢管混凝土柱与 H 型钢梁节点构造

### 6.3.1　隔板贯通节点

隔板贯通式连接将内隔板式连接的内隔板贯穿柱截面，并与钢梁的翼缘焊接，梁腹板与焊接在柱上的连接板通过高强螺栓连接，如图 6－5 所示。构造形式如图 6－6 所示。该节点通常做成刚接节点，由于避免了钢管壁内外两次焊接，具有较好的抗震性能，应用逐渐广泛。

### 6.3.2　内隔板节点

内隔板式连接如图 6－7 所示，钢梁腹板与柱钢管壁通过连接板采用高强度螺栓摩擦型连接；矩形钢

**图 6－5　隔板贯通节点图片**

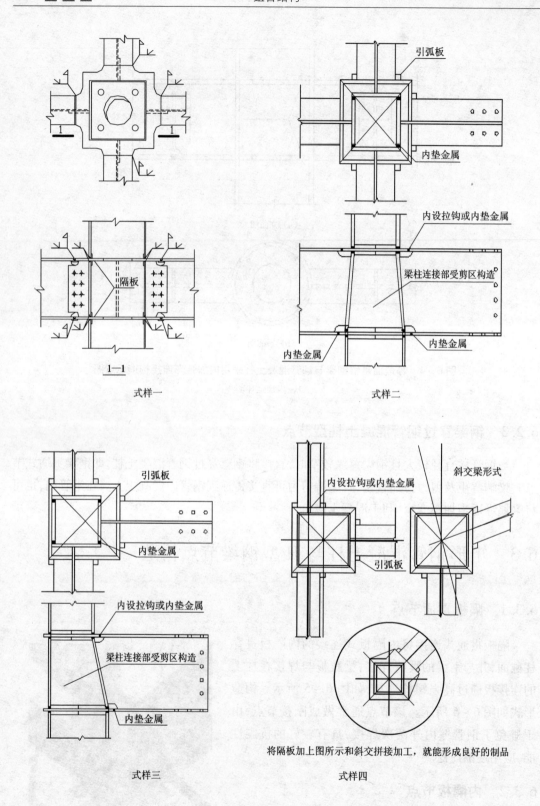

式样一

1—1

式样二

式样三

式样四

将隔板加上图所示和斜交拼接加工，就能形成良好的制品

管混凝土柱内设隔板，钢梁翼缘与柱钢管壁焊接。

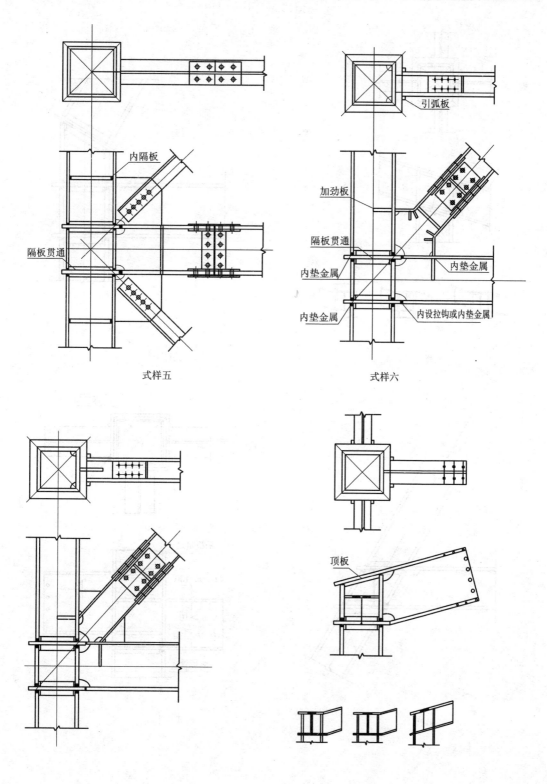

式样五　　　　　式样六

式样七　　　　　式样八

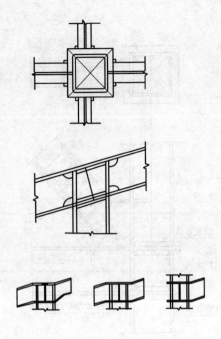

式样九

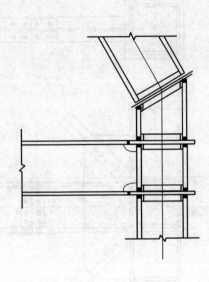

式样十

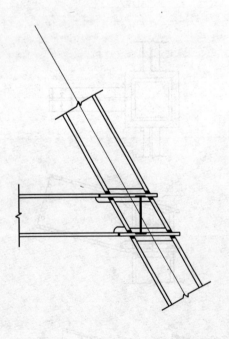

式样十一

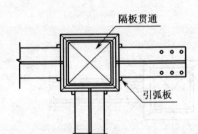

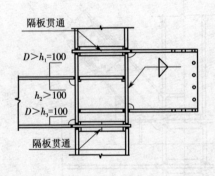

式样十二

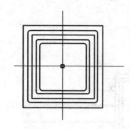

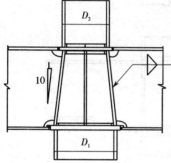

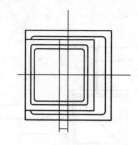

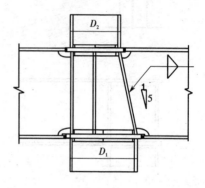

式样十三                          式样十四

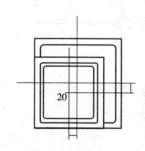

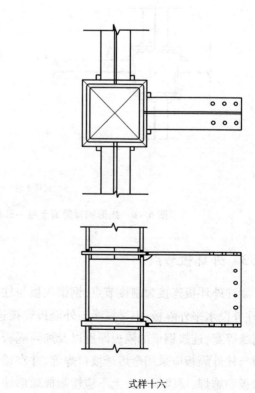

式样十五                          式样十六

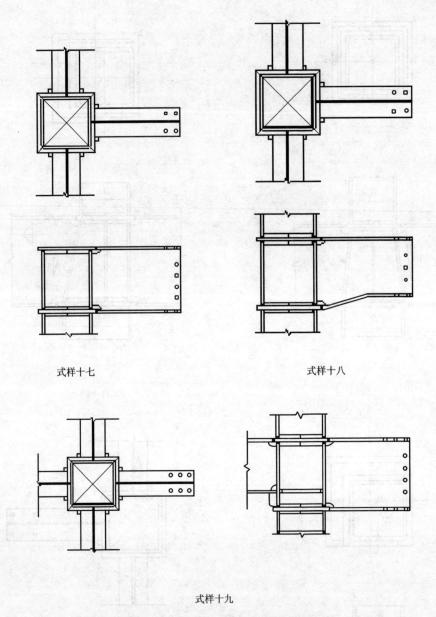

式样十七　　　　　　　　　式样十八

式样十九

图 6-6　矩形钢管混凝土柱 - H 型钢梁隔板贯通节点构造图

## 6.3.3　外环板节点

梁柱外环板连接为刚接节点,钢梁腹板与柱外预设的连接件采用高强度螺栓摩擦型连接;柱外设水平外隔板,钢梁翼缘与外隔板焊接连接(图 6-8)。连接钢梁的隔板宽度宜与梁翼缘等宽,连接钢梁的隔板厚度以及加强隔板最小部位宽度应满足相关计算要求。梁翼缘板与柱外隔板应采用全熔透坡口焊缝,并在梁上下翼缘的底面设置焊接衬板。为便于设置衬板和施焊,梁腹板端头上下应切割成弧形缺口,缺口半径可采用 35 mm。柱外隔板的加工应保证外形曲线光滑,无裂纹、裂痕,外隔板与柱管间的水平焊缝应与母材等强。

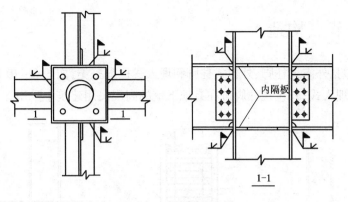

**图 6-7  内隔板式连接**

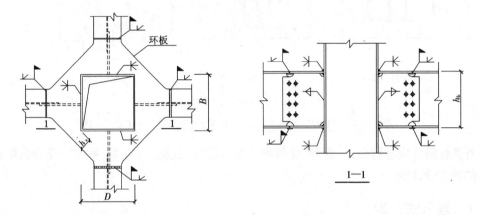

**图 6-8  外隔板式梁柱连接**

## 6.3.4  外肋环板节点

将加强环板式连接一个方向两侧的水平外环板改为平贴焊于柱壁的切肢 T 型钢(图 6-9),钢梁腹板与柱外预设的连接件采用高强度螺栓摩擦型连接。

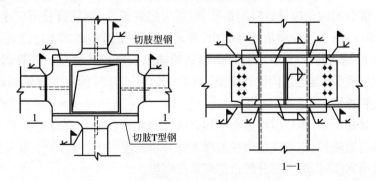

**图 6-9  外肋环板式连接**

## 6.4　柱脚节点构造

钢柱柱脚包括外露式柱脚、外包式柱脚和埋入式柱脚三类,如图6-10所示。抗震设计时,宜优先采用埋入式;外包式柱脚可在有地下室的高层民用建筑中采用。

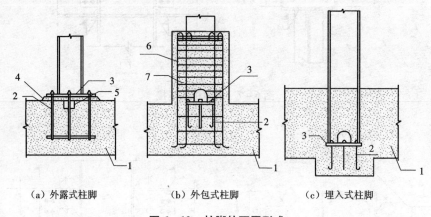

（a）外露式柱脚　　　　　（b）外包式柱脚　　　　　（c）埋入式柱脚

**图6-10　柱脚的不同形式**

1—基础梁;2—锚栓;3—底板;4—无收缩砂浆;5—抗剪键;6—主筋;7—箍筋

各类柱脚均应进行受压、受弯、受剪的承载力计算,其轴力、弯矩、剪力的设计值取钢柱底部的相应设计值。

### 6.4.1　埋入式柱脚

埋入式柱脚是将柱脚埋入混凝土基础内,H形截面柱的埋置深度不应小于钢柱截面高度的2倍,箱形柱的埋置深度不应小于柱截面长边的2.5倍,圆管柱的埋置深度不应小于柱外径的3倍;钢柱脚底板应设置锚栓与下部混凝土连接。钢柱埋入部分的侧边混凝土保护层厚度要求(见图6-11(a)),$C_1$不得小于钢柱受弯方向截面高度的一半,且不小于250 mm,$C_2$不得小于钢柱受弯方向截面高度的2/3,且不小于400 mm。

钢柱埋入部分的四角应设置竖向钢筋,四周应配置箍筋,箍筋直径不应小于10 mm,其间距不大于250 mm;在边柱和角柱柱脚中,埋入部分的顶部和底部还应设置U形钢筋(图6-11(b)),U形钢筋的开口应向内;U形钢筋的锚固长度应从钢柱内侧算起,锚固长度应根据现行国家标准《混凝土结构设计规范》(GB 50010—2010)的有关规定确定。埋入部分的柱表面宜设置栓钉。

在混凝土基础顶部,钢柱应设置水平加劲肋。当箱形柱壁板宽厚比大于30时,应在埋入部分的顶部设置隔板;也可在箱形柱的埋入部分填充混凝土,当混凝土填充至基础顶部以上1倍箱形截面高度时,埋入部分的顶部可不设隔板。

埋入式柱脚不宜采用冷成型箱形柱。

### 6.4.2　外包式柱脚

钢柱外包式柱脚由钢柱脚和外包混凝土组成,位于混凝土基础顶面以上(图6-10

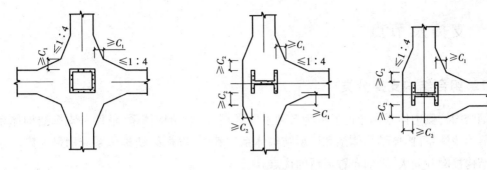

（a）埋入式钢柱脚的保护层厚度

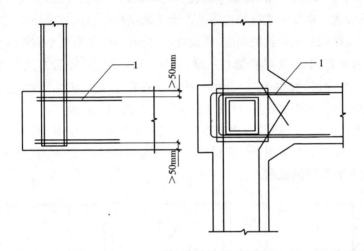

（b）边柱U形加强筋的设置示意

**图 6 – 11　埋入式柱脚的其他构造要求**

1——U 形加强筋（二根）

（b）），钢柱脚与基础的连接应采用抗弯连接。外包混凝土的高度不应小于钢柱截面高度的 2.5 倍，且从柱脚底板到外包层顶部箍筋的距离与外包混凝土宽度之比不应小于 1.0。外包层内纵向受力钢筋在基础内的锚固长度应根据现行国家标准《混凝土结构设计规范》（GB 50010—2010）的有关规定确定，且四角主筋的上、下都应加弯钩，弯钩投影长度不应小于 15$d$；外包层中应配置箍筋，箍筋的直径、间距和配箍率应符合现行国家标准《混凝土结构设计规范》（GB 50010—2010）中钢筋混凝土柱的要求；在外包层顶部箍筋应加密，不少于 3 道，其间距不应大于 50 mm。外包部分的钢柱翼缘表面宜设置栓钉。

### 6.4.3　外露式柱脚

钢柱外露式柱脚应通过底板锚栓固定于混凝土基础上（图 6 – 10（a）），高层民用建筑的钢柱应采用刚接柱脚。三级及以上抗震等级时，锚栓截面面积不宜小于钢柱下端截面面积的 20%。

# 6.5　支撑及节点

## 6.5.1　组合结构支撑分类

钢结构抗侧力体系迄今已发展为5种主要类型:框架结构体系、框架－支撑结构体系、框架剪力墙体系、筒体结构体系和巨型结构体系。其中,以框架结构体系应用最为广泛,它具有结构柱网开间大、平面布置灵活的优点。

但是,框架结构的抗侧刚度有限,在水平地震和风荷载作用下,侧向位移较大,从而造成设计的梁、柱截面均较大。框架－支撑结构体系作为框架结构体系的有效补充,通过在框架中合理布置支撑,增大结构的水平抗侧刚度,有效减小结构位移,从而减小构件截面。

支撑一般分为两大类:中心支撑和偏心支撑。中心支撑采用的布置方式有 X 形、单斜杆、人字形(V 字形)、K 字形,如图 6 - 12 所示。中心支撑由于支撑轴线与梁柱节点的轴线汇交于一点,支撑体系的抗侧刚度较大,适用于抗震设防等级较低的地区以及主要有风荷载控制侧移的多高层建筑。偏心支撑常采用的布置形式有单斜杆、八字形、人字形(V 字形)等,如图 6 - 13 所示。偏心支撑适用于抗震设防等级较高的地区或安全等级要求较高的建筑,而且易解决门窗布置受限的难题。

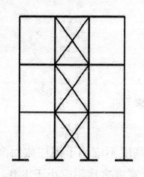 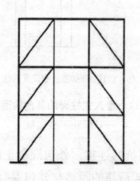 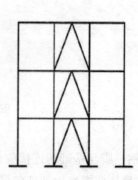

**图 6 - 12　中心支撑各形式**

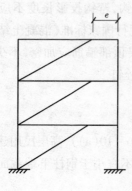 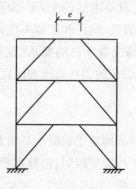 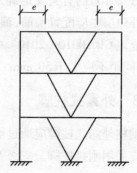

**图 6 - 13　偏心支撑各形式**

### 6.5.2　防屈曲耗能支撑

在抗震结构中,支撑的长细比较大,所承担的水平力要远远大于柱,在大震时往往进入塑性状态,易受压失稳。1994 年的北岭地震和 1995 年的阪神地震震后研究发现:支撑框架结构体系中大量支撑的过早屈曲导致了结构的严重破坏。为避免其受压失稳,需增大支撑的截面尺寸。而支撑截面的增大会使结构的刚度增强,从而加剧震害的发生。这种恶性循环严重影响其经济性,而且强震作用下无法避免传统支撑屈曲。因此,为了解决支撑屈曲的难题,研究人员提出了新型抗侧力构件——防屈曲支撑。

防屈曲支撑由于有外钢管的约束作用,不会发生屈曲失稳,因此与传统支撑相比具有更稳定的抗震性能。下面从横向构造和纵向构造两个方面来分析防屈曲支撑的构成。

一般来说,防屈曲支撑的横向构造分为三部分,包括核心单元、约束单元及隔离单元,如图 6 – 14 所示。

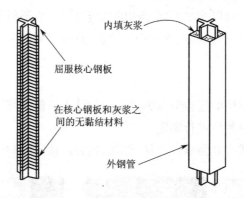

**图 6 – 14　防屈曲支撑的横向构造**

核心单元是防屈曲支撑的主要受力部件,根据不同的耗能需求选择不同强度、截面形式的钢材。目前,核心单元选用的钢材主要有低屈服点钢和低碳钢,主要截面形式有一字形等。

外围的约束单元对核心单元提供侧向约束,防止其受压时发生整体或者局部失稳,是防屈曲支撑的关键部分之一。约束单元多由钢管填充砂浆或混凝土制成。要有效限制屈服段的屈曲位移,砂浆或混凝土需要选择恰当的配合比和良好的捣制以保证其足够的抗压强度。

隔离单元一般由无黏结材料制成,它的作用是在核心单元与约束单元之间提供一个可供二者相互滑动的界面,争取实现约束单元仅向核心单元提供必要的侧向约束,而不限制核心单元的纵向伸缩。

防屈曲支撑的纵向构造也可分为三部分,包括约束屈服段、约束非屈服段和无约束非屈服段,如图 6 – 15 所示。

约束屈服段也称为工作段,在反复荷载作用下率先屈服并消耗能量,是防屈曲支撑的核心部分。

约束非屈服段也称为过渡段,被包裹在约束单元中,是约束屈服段的延伸部分。为保证其始终在弹性阶段工作,可通过增加该段截面面积的方式,如可以增加约束屈服段的截面宽

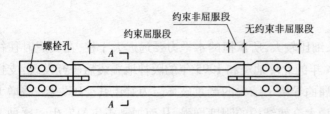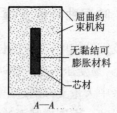

**图 6 – 15　防屈曲支撑的纵向构造**

度,但要注意截面不要突变以防止应力集中,另外也可通过焊接加劲肋的形式来实现。

无约束非屈服段也称为连接段,与框架相连,在约束单元的外部。通常为螺栓连接,以便于现场安装和震后对受损构件的维护。这部分的设计需要考虑安装公差,以便安装、拆装。另外,当连接板不满足要求时,可增加加劲肋或端板,以增强其工作性能。

防屈曲支撑作为消能减震技术的重要组成部分,具有减震机理明确、减震效果明显、安全可靠、经济合理的特点,可以满足不同结构的抗震要求。它不但可以应用于新建的多高层建筑,而且适用于已建建筑的抗震加固和震后修复,具有广阔的应用前景。

### 6.5.3　支撑节点连接

防屈曲支撑与主体结构的连接节点方案应由设计人员根据防屈曲支撑的使用要求和建筑物的重要性作出综合评判后进行确定。

常用的连接节点形式有高强螺栓连接、焊接、销轴连接,如图 6 – 16 所示。

　（a）螺栓连接　　　　　　　　（b）焊接　　　　　　　　（c）销轴连接

**图 6 – 16　支撑与主体结构的连接方式**

考虑到在特殊情况下更换防屈曲支撑的需要,最常采用的连接方法是高强螺栓连接;为满足建筑美观上的要求或减小主体结构和连接构件的变形引起防屈曲支撑的附加弯曲变形,其连接方法宜采用销轴连接;防屈曲支撑与主体结构的连接节点如采用高强螺栓连接,当其承载力较大时,所需高强螺栓数量较多,从而造成节点连接板较长、施工不便,此时根据需要可采用焊接连接;特别重要结构可选用法兰连接,以发挥它的拆卸方便、强度高、密闭性能好的优点。

防屈曲支撑与主体结构的连接节点的设计应采取措施考虑由主体结构的水平变形引起的附加弯矩。因此,在对连接节点做细部设计时,既可以对节点板等连接部分进行局部屈曲验算,也可以在节点板与梁(或梁柱节点)处外伸板之间采用设置加劲肋等防止局部屈曲的构造措施,以确保节点板在罕遇地震作用下的稳定。

　　节点板与防屈曲支撑的连接应采用等强剖口焊接以确保连接强度。防屈曲支撑采用单斜撑布置方案时,应对与其相连的钢梁采取加强措施,避免钢梁变形较大。

# 附　录

附表 1 – 1　钢材强度设计值( N/mm² )

| 钢材 | | | 标准值 $f_y$ | 抗拉、抗压和抗弯 $f$ | 抗剪 $f_v$ |
|---|---|---|---|---|---|
| 钢管种类 | 牌号 | 钢管壁厚( mm ) | | | |
| 普通钢管 | Q235 | ≤16 | 235 | 215 | 125 |
| | | >16 ~40 | | 205 | 120 |
| | | >40 ~60 | | 200 | 115 |
| | | >60 ~100 | | 190 | 110 |
| | Q345 | ≤16 | 345 | 310 | 180 |
| | | >16 ~35 | | 295 | 170 |
| | | >35 ~50 | | 265 | 155 |
| | | >50 ~100 | | 250 | 145 |
| | Q390 | ≤16 | 390 | 350 | 205 |
| | | >16 ~35 | | 335 | 190 |
| | | >35 ~50 | | 315 | 180 |
| | | >50 ~100 | | 295 | 170 |
| | Q420 | ≤16 | 420 | 380 | 220 |
| | | >16 ~35 | | 360 | 210 |
| | | >35 ~50 | | 340 | 195 |
| | | >50 ~100 | | 325 | 185 |
| 冷弯薄壁型钢管 | Q235 | <6 | 235 | 205 | 120 |
| | Q345 | | 345 | 300 | 175 |

附表 1 – 2　钢材的物理性能指标

| 弹性模量 $E_s$ ( N/mm² ) | 剪变模量 $G$ ( N/mm² ) | 线膨胀系数 $\alpha$ ( ℃ ) | 质量密度 $\rho$ ( kg/m³ ) |
|---|---|---|---|
| $206 \times 10^3$ | $79 \times 10^3$ | $12 \times 10^{-6}$ | 7 850 |

附表 1 – 3　钢筋强度及弹性模量取值( N/mm² )

| 应力种类及弹性模量 | 符号 | Ⅰ级钢筋 HPB300 | Ⅱ级钢筋( 20MnSi、20MnNib ) HRB335、HRBF335 |
|---|---|---|---|
| 强度标准值 | $f_{yk}$ | 300 | 335 |
| 强度设计值 | $f_y$ | 270 | 300 |
| 弹性模量 | $E_s$ | 210 000 | 200 000 |

附表1-4　压型钢板钢材强度设计值(N/mm²)

| 受力类型 | 符号 | 钢材牌号 | |
|---|---|---|---|
| | | Q215 | Q235 |
| 抗拉、抗压、抗弯 | $f$ | 190 | 205 |
| 抗剪 | $f_v$ | 110 | 120 |
| 弹性模量 | $E$ | 206 000 | |

附表1-5　圆柱头焊钉材料及力学性能

| 材料 | 标准 | 力学性能 |
|---|---|---|
| ML15、ML15Al | GB/T 6478—2015 | 抗拉强度 $\sigma_b \geqslant 400$ N/mm²<br>屈服强度 $\sigma_s$ 或 $\sigma_{p0.2} \geqslant 320$ N/mm²<br>断后伸长率 $\delta_5 \geqslant 14\%$ |

# 参 考 文 献

[1] 马怀忠,王天贤. 钢－混凝土组合结构[M]. 北京:中国建材工业出版社,2006.

[2] 薛建阳. 钢与混凝土组合结构[M]. 2版. 武汉:华中科技大学出版社,2010.

[3] 赵鸿铁,张素梅. 组合结构设计原理[M]. 北京:高等教育出版社,2005.

[4] 张春玉. 钢－混凝土组合结构[M]. 北京:中国计量出版社,2008.

[5] 聂建国,樊健生. 钢与混凝土组合结构设计[M]. 北京:中国建筑工业出版社,2008.

[6] 夏冬桃. 组合结构设计原理[M]. 武汉:武汉大学出版社,2009.

[7] 武岩,刘广杰. 钢－混凝土组合结构的发展与应用[J]. 山西建筑,2007,33(14):60－61.

[8] 陈忠汉,胡夏闽. 钢－混凝土组合结构设计[M]. 北京:中国建筑工业出版社,2009.

[9] 刘维亚. 钢与混凝土组合结构理论与实践[M]. 北京:中国建筑工业出版社,2008.

[10] 韩林海,杨有福. 现代钢管混凝土结构技术[M]. 北京:中国建筑工业出版社,2007.

[11] 钟善桐. 钢管混凝土结构[M]. 哈尔滨:黑龙江科学技术出版社,1994.

[12] 马伯欣. 两边连接钢板剪力墙及组合剪力墙抗震性能研究[D]. 哈尔滨:哈尔滨工业大学,2009.

[13] 李然. 钢板剪力墙与组合剪力墙滞回性能研究[D]. 哈尔滨:哈尔滨工业大学,2011.

[14] 韩林海. 钢管混凝土结构——理论与实践[M]. 2版. 北京:科学出版社,2007.

[15] 钟善桐. 高层钢管混凝土结构[M]. 哈尔滨:黑龙江科学技术出版社,1999.

[16] 陈立祖. 深圳赛格广场大厦钢管混凝土柱工程介绍[C]. 中国钢协钢－混凝土组合结构协会年会,1997.

[17] 程宝坪. 深圳赛格广场地下室全逆作法施工技术[J]. 施工技术,1999,28(8):6－7.

[18] 蔡绍怀. 现代钢管混凝土结构[M]. 北京:人民交通出版社,2007.

[19] 谢绍松,钟俊宏. 台北101层国际金融中心之结构施工技术与其设计考量概述[J]. 建筑钢结构进展,2002,4(4):1－11.

[20] 陈宝春. 钢管混凝土拱桥设计与施工[M]. 北京:人民交通出版社,1999.

[21] 陈宝春. 钢管混凝土拱桥[M]. 北京:人民交通出版社,2007.

[22] 聂建国,刘明,叶列平. 钢－混凝土组合结构[M]. 北京:中国建筑工业出版社,2005.

[23] 薛建阳. 钢与混凝土组合结构[M]. 武汉:华中科技大学出版社,2007.

[24] 严正庭,严立. 钢与混凝土组合结构计算构造手册[M]. 北京:中国建筑工业出版社,1996.

[25] 中国建筑标准设计研究院. 05SG522钢与混凝土组合楼(屋)盖结构构造[S]. 北京:中国建筑标准设计研究院,2005.

[26] 聂建国. 钢－混凝土组合结构原理与实例[M]. 北京:科学出版社,2009.

[27] 中华人民共和国住房和城乡建设部. GB 50917—2013 钢－混凝土组合桥梁设计规范[S]. 北京:中国建筑工业出版社,2014.

[28] 钟善桐. 钢管混凝土结构[M]. 3版. 北京:清华大学出版社,2003.

[29] 钟善桐. 钢管混凝土统一理论——研究与应用[M]. 北京:清华大学出版社,2006.

[30] 蔡绍怀. 钢管混凝土结构[M]. 北京:人民交通出版社,2003.

[31] 蔡绍怀. 钢管混凝土结构的计算与应用[M]. 北京:中国建筑工业出版社,1989.

[32] 天津建设管理委员会. DB 29—57—2003 天津市钢结构住宅设计规程[S]. 天津:天津建设管理委员会,2003.

[33] 中华人民共和国住房和城乡建设部. GB 50901—2013 钢－混凝土组合结构施工规范[S]. 北京:

中国建筑工业出版社,2013.

[34]中国工程建设标准化协会. CECS 159:2004 矩形钢管混凝土结构技术规程[S]. 北京:中国计划出版社,2004.

[35]中华人民共和国建设部. GB 50017—2003 钢结构设计规范[S]. 北京:中华人民共和国建设部,2003.

[36]中华人民共和国国家经济贸易委员会. DL/T 5085—1999 钢–混凝土组合结构设计规程[S]. 北京:中国电力出版社,1999.

[37]韩林海. 钢管混凝土结构[M]. 北京:科学出版社,2000.

[38]李黎明. 矩形钢管混凝土柱力学性能研究 [D]. 天津:天津大学,2007.

[39]中国工程建设标准化协会. CECS 28:2012 钢管混凝土结构技术规程[S]. 北京:中国计划出版社, 2012.

[40]中国建筑科学研究院. JGJ 3—2002 高层建筑混凝土结构技术规程[S]. 北京:中华人民共和国建设部,2002.

[41]天津建设管理委员会. DB 29—186—2008 天津市矩形钢管混凝土节点技术规程[S]. 天津:天津建设管理委员会,2008.